国家社会科学基金项目（08BJY106）

新农村建设中的经济发展与环境保护和谐演进研究

陆远如 等◎著

XINNONGCUN JIANSHE ZHONGDE
JINGJI FAZHAN YU HUANJING BAOHU
HEXIE YANJIN YANJIU

U0227228

中国经济出版社
CHINA ECONOMIC PUBLISHING HOUSE
北 京

图书在版编目(CIP)数据

新农村建设中的经济发展与环境保护和谐演进研究/陆远如等著.
北京:中国经济出版社,2014.5
ISBN 978-7-5136-2656-9

Ⅰ.①新… Ⅱ.①陆… Ⅲ.①农村经济发展—研究—中国
②农村—生态环境—环境保护—研究—中国 Ⅳ.①F323 ②X322.2

中国版本图书馆 CIP 数据核字(2013)第 154190 号

责任编辑　彭彩霞
责任审读　贺　静
责任印制　马小宾
封面设计　华子图文

出版发行	中国经济出版社
印 刷 者	北京市媛明印刷厂
经 销 者	各地新华书店
开 本	710mm×1000mm　1/16
印 张	14.5
字 数	210 千字
版 次	2014 年 5 月第 1 版
印 次	2014 年 5 月第 1 次
书 号	ISBN 978-7-5136-2656-9
定 价	36.00 元

中国经济出版社 网址 www.economyph.com 社址 北京市西城区百万庄北街 3 号 邮编 100037
本版图书如存在印装质量问题,请与本社发行中心联系调换(联系电话:010-68319116)

引　言

一、研究目的与意义

我国社会主义新农村建设的根本目的就是要将目前相对落后的农村，按照中共中央十六届五中全会提出的构想，建设成为经济繁荣、生活幸福、环境优美、文明和谐的新农村。新农村建设中必须正确处理人与自然的关系，取得经济发展与生态环境"双赢"的理想效果。目前农村经济发展对资源环境形成巨大压力，生态环境恶化对农村经济发展形成严重制约，这是我国新农村建设中一个无法回避和必须面对的挑战，这既是一个关系到新农村建设的理想能否顺利实现的现实问题，也是一个学术界广泛关注且需进一步深入研究的重要理论问题。

本课题研究致力于科学分析资源环境与经济发展的矛盾运动，揭示农村经济发展过程中环境质量演化的客观规律，系统研究经济发展与环境保护之间的辩证关系，深入探讨实现经济效益与环境效益双赢的有效途径，提出切实可行的农村经济发展与环境保护和谐演进的对策措施，这对于真正落实科学发展观，实现新农村建设理想和农村经济社会和谐发展，有着重要的理论意义、实践指导意义和决策参考价值，并将产生重大的社会效益和经济效益。

二、研究思路与方法

本课题研究内容分 4 篇 10 章。这 4 篇的内容相互联系、相互支撑，紧紧围绕新农村建设中的经济发展与环境保护和谐演进这一主线展开。第一篇为导论,包括文献综述,农村经济发展与环境保护现状和协调机理分析,新农村建设、农村经济发展与环境污染相互影响分析等三章;第二篇为理论研究,包括资源与环境约束下的最优经济增长的实现条件研究,新农村建设中资源环境与经济增长和谐演进的内在机理与路径研究等两章;第三篇为经验(实证)研究,包括新农村建设中经济增长与环境质量的经验研究,农村资源环境的产出弹性及其变化分析,国外农村经济发展与环境保护经验研究,新农村建设中的经济发展与环境保护和谐演进典型案例等四章;第四篇为对策研究,即新农村建设中经济发展与环境保护和谐演进的对策研究一章。

本课题研究按照如下思路和路径展开。首先,对现有国内外相关研究成果进行检索、分类与整理,同时对农村经济发展与环境保护现状和新农村建设、农村经济发展与环境污染三者的相互影响展开研究,形成本课题研究的基础。其次,以新农村建设经济与环境系统为研究对象,展开理论研究与实证研究。在理论研究方面,将不可再生的耗竭性资源引入总量生产函数及将消费者环境偏好引入效用函数,从而在一个统一的内生增长模型内考虑资源与环境约束下的最优经济增长,运用最优控制分析方法研究最优经济增长的实现条件;并在对资源、环境与经济增长三者之间相互关系和作用机理进行分析的基础上,利用动态分析方法,借用蛛网理论模型,进一步分析了三者如何达到均衡的最优状态,进而实现三者和谐演进的路径选择。在实证研究上,本课题建立相应的数理模型来探讨资源环境变化对社会经济系统的影响,并收集我国农村经济发展及环境资源状况的相关数据,运用结构方程、变系数估计模型、Panel Data 等研究方法进行实证检验,得到一系列可靠的结果。同时对国外的成功经验和国内典型案例进行研究,为有效促进新农村建设中经济发展与环境保护和谐演进提供启示和借鉴。最后,在上述严谨的理论与实证分析的基础上,针对新农村建设中经济发展与环境保护和谐演进所面临的现实挑战,提出科学合理、具有较强操作性和前瞻性的系列对策。

本课题研究方法上的突出特点是:定性与定量分析相结合,规范与实证分析相结合,文献研究与实地调研相结合,环境资源经济学、农村经济学、系统工程、控制论等多学科基本理论分析相结合。

三、研究的创新与价值

本课题研究的创新之处主要包括：

(1)在梳理归纳有关资源、环境与经济增长的国内外文献时，根据研究者们对于增长与环境问题研究的主题、方法和重点，提出三阶段说法。第一阶段延续了马尔萨斯、李嘉图以及穆勒等先驱的思想，认为经济增长与资源环境之间存在着 trade - off 的关系，经济增长存在一个极限值；第二阶段认为资源或许不是约束经济增长的核心问题，而环境质量的变化会改变长期增长，影响可持续发展；第三阶段研究思路完全不同于前两阶段的研究，试图用新增长理论引入技术因素以突破环境约束，维持经济长期高速的增长。

(2)通过将耗竭性资源引入总量生产函数及将消费者环境偏好引入效用函数，在统一的内生增长模型中考虑资源与环境约束下的最优经济增长，运用最优控制分析方法探讨最优经济增长的实现条件。同时，运用动态分析方法，利用蛛网理论模型分析资源、环境与经济增长三者实现最优组合的条件及和谐演进的路径选择。

(3)由于资源、环境与经济系统结构的复杂性，本研究尝试把结构方程模型运用于农村经济发展、新农村建设及农村环境保护等宏观经济变量，得到三者间相互影响的大小与方向，在一定程度弥补了以往定性研究中的不足。

(4)在研究污染物体排放与农村纯收入间的关系时，发现运用全国各地区面板数据与运用全国总量时间序列数据进行分析所得到的结论不一致，前者判断 EKC 为正"U"，后者判断为倒"U"，并给出了相应的解释。

本课题研究具有重要的学术价值和应用价值：

1. 学术价值

(1)本课题研究对新农村建设中资源、环境与经济增长三者之间的相互关系与作用机理进行深入系统分析，为进一步开展此类研究奠定了相关理论基础。

（2）本课题研究在实证分析上，建立相应的数理模型来探讨资源环境变化对社会经济系统的影响，并收集我国农村经济发展及环境资源状况的相关数据，运用结构方程、变系数估计模型、Panel Data 等研究方法进行实证检验，得到一系列可靠的结果，从而为进一步开展此类研究在方法上提供了参考和借鉴。

（3）本课题研究在探讨资源与环境双重约束下的最优经济增长时，尝试运用内生增长模型，通过引入消费者环境偏好建立统一的分析框架，利用最优控制理论求解均衡解。这对深入开展此类研究具有重要的借鉴和启示意义。

2. 应用价值

（1）本课题研究对资源与环境双重约束下的最优经济增长实现条件的分析，为经济增长和消费的可持续确立了基本原则和有效途径。

（2）本课题研究深入分析农村工业增长和农业增长对环境质量的影响，揭示了农村工业污染和农业面源性污染的真实状况及其发展趋势，为政府决策提供了可靠的事实依据。

（3）本课题研究提出的一系列针对性、操作性和前瞻性较强的对策，对新农村建设具有重要的指导意义。

四、存在的不足

尽管本课题在现有的研究基础上，针对我国新农村建设中的经济发展与环境问题进行了一系列深入研究和探讨，但受学识水平和数据获取等方面的限制，本课题研究尚存在不足和有待进一步深化研究的问题：第一，在实证研究中，一些资源、环境和经济发展的指标选择可以进一步优化，如环境质量指标，可以根据多种污染物排放来进行拟合，形成综合性的一个指标，而非简单地选择某一种污染物的排放作为代表；第二，在研究方法上尽管本研究已经使用了结构方程、变系数估计模型、Panel Data 等研究方法，但是仍然可以加以改进,使用一些更先进、更复杂的方法,研究一些特定的问题,如使用 Logistic 模型分析不同地区新农村建设中的经济发展与环境污染问题,使用格兰杰因果检验分析农村经济发展与环境质量的关系,使用非线性、非参数模型进行一些拟合和回归分析;第三,在案例的选择上,我们选择了湖南攸县和冷水江市作为案例,尽管这两县在湖南新农村建设中具有典范作用,但是对于全国来说,我们仍然需要扩大案例的普适性,可以考虑在东、中、西三个不同地区选择案例,然后进行比较分析。

引　言

第一篇　导论

第一篇

导　论

第一章　文献综述

一、国外经济增长与环境质量关系研究的演进与发展

在人类发展过程中环境始终扮演着两个重要角色"来源地"与"排放地"（the Source 和 the Sink），一方面是人类赖以生存的原材料、自然资源的来源地，另一方面，它也是人类经济副产品——废弃物和污染物的排放地（Brock 和 Taylor，2003）[①]。基于环境的这两大角色以及由此产生的特殊功能，有关环境与增长之间的相关问题一直备受关注，两者之间的关系从一开始就饱受争议。例如，一个国家或地区的经济持续增长是否会对该地区甚至全球的环境造成严重损害？人造资本即收入和财富的增长是否必定是建立在自然资本的转化和消散的基础之上？收入的增长后是否一定会改善环境质量？纵观人类近两百年的发展史，特别是从发达国家和地区的经济发展史来看，大多经历过为促进经济增长而引致资源衰竭、环境恶化的发展阶段和为改善环境逐步放低对经济增长要求的阶段。本节将就经济增长与环境问题研究的起源、发展以及最新进展进行详细说明。这一问题的答案对于发展中国家选择合适的发展战略至关重要，因而具有重大的现实意义。为了协调经济增长与环境保护问题，避免重蹈西方国家先污染后治理的发展道路，近年来，我国提出了建设两型社会，即资源节约型和环境友好型社会，这实际上是针对经济增长与环境保护问题提出了新的发展模式，赋予了经济

[①]　这里所说的环境实际上是一种广义的环境，它与我国环境保护法中的环境含义相同。环境指影响人类生存和发展的各种天然的和经过人工改造的自然因素的总体，包括大气、水、海洋、土地、矿藏、森林、草原、野生生物、自然遗迹、人文遗迹、风景名胜区、自然保护区、城市和乡村等。

增长新的内涵。

(一) 经济增长与环境质量关系问题研究的起源

经济增长与环境问题研究最早可以追溯到马尔萨斯、李嘉图、穆勒等对环境问题进行的经济学思考。马尔萨斯(1798)认为,由于受到资源的约束,人口增长以及经济增长将受到制约,这种制约还会对生物系统的其他方面产生影响。马尔萨斯提出了著名的人口增长呈几何级数增长而生活资料却以算术级数增加的假说,认为如果不正确认识和处理好经济增长与人口、资源、环境的关系,那么人类将面临灾难性后果。联合国人口基金会等国际组织关于地球能容纳多少人的辩论即起源于马尔萨斯。李嘉图与马尔萨斯一样,对人类社会在自然环境约束下的经济增长前景持悲观态度,但与马尔萨斯不同的是,他认识到了技术进步在促进生产增长方面的积极作用。实际上李嘉图认为技术与稀缺土地资源之间存在一定程度上的可替代性。约翰·穆勒扬弃了马尔萨斯的"资源绝对稀缺论"和李嘉图的"资源相对稀缺论"的不合理部分,吸取二者理论的合理部分,对资源的认识更深入一步,认为资源实际上存在一个极限。约翰·穆勒继承并拓展了马尔萨斯和李嘉图关于资源稀缺的观点,将稀缺的概念延伸到了更为广义的环境,第一次探讨了关于人类社会的经济增长与自然环境的承受界限问题。穆勒指出,"有限的土地数量和有限的土地生产力构成真实的生产极限",并充分相信人类克服资源相对稀缺的能力。他认为自然环境、人口和财富均应保持在一个相对稳定的水平,要远离自然资源的极限,以防止出现食物缺乏和自然美的大量消失。穆勒的这一思想对现代环境保护主义者产生了重要影响。由于古典经济学家所处的时代,社会发展仍以传统农业为主,经济发展对生态资源的需求尚不强烈,对生态环境破坏的影响尚不明显,因此环境问题并未成为影响社会发展的紧迫问题,但是他们的思想对后来可持续发展思潮产生了重大作用。

进入工业社会中后期,人类社会在追求经济增长的驱使下对自然资源展开了大规模开发利用,生态环境遭到了空前破坏,状况明显恶化。严峻的环境形势开始引起西方社会各界的广泛关注,公众的环保意识空前高涨,环保运动在发达国家开始蓬勃发展。正是在这样的背景下,很多经济学者开始运用现代经济理论与经济学分析方法对生态环境问题进行重新思考,主要探讨生态环境建设与社会经济发展的相互关系、环境问题产生的经济根源以及如何实现生态建设、环境保护和经济发展和谐演进的途径等课题。

(二)经济增长与环境质量关系问题研究发展的三个阶段

20 世纪以来,有关经济增长与环境质量之间的问题研究经历了两次热潮、三个阶段。第一次研究热潮产生于 20 世纪 60 年代,对环境的第一类角色——"来源地"关注较多,而对环境的第二类角色——"排放地"关注较少。研究者倾向于研究可再生和不可再生资源对经济增长的影响,可以简单概括为"资源约束下的经济增长"问题;第二次研究热潮产生于 20 世纪 90 年代,这一轮研究热潮弥补了前期研究的不足,着重研究了环境的第二类角色。这一阶段的研究以 Grossman 和 Krueger(1993,1995)为代表,以验证环境库兹涅茨曲线假说为主要内容,这次热潮可以简单概括为"环境约束下的经济增长"问题。根据研究者们对于增长与环境问题研究的主题和思想的变动,结合上述两次研究热潮,又可以进一步将研究分为三个阶段。

第一阶段,研究者延续了马尔萨斯、李嘉图以及穆勒等先驱的思想,认为经济增长与资源环境之间存在着"两难选择"(trade - off)的关系,经济增长存在一个极限值。极限主要是源于不可再生资源开发的不可持续性,环境承载能力也存在一个门槛值。第一阶段的较早时期即 20 世纪 30—60 年代,研究者们基于不可再生自然资源的有限性,研究的重点在于如何开采利用才能使得开采利用的资源价值最大,换句话说,资源的最优消费路径问题,如 Hotelling(1931)首次研究了最优资源消费路径问题,随后又有一批学者采用类似方法研究了林业、渔业资源消费问题,如 Scott(1955)、Gordon(1954)、Smith(1968,1969)和 Clark(1976)。研究者们试图求解自然资源存量约束下的经济有效增长路径。

进入 20 世纪 60 年代后,许多学者在质量守恒原理基础上分析了经济增长对于环境的意义。从环境对人类作用来看,可将其视为一个提供和转化各种能量的高度组织复杂生态系统,必然受到热力学规律的制约。根据熵增原理或热力学第二定律,克劳修斯认为,在一切自然现象中,各种系统都不断地趋向于平衡,趋向于无序,趋向于对称。熵的总量只能永远增加而不能减少。按照熵增原理,宇宙的熵量趋于极大。宇宙越是接近于这个极限状态,那就任何进一步的变化都不会发生了,这时的宇宙将会进入一个永恒的死寂状态。从增长与环境的角度而言,经济系统中产出的增长必然导致环境资源抽取量的增加,同时向环境中排放各种废弃物的存量也在增加,不可避免导致熵量增加;如果增长不受限制,经济活动产生的废弃物超过环境自我净化能力,自然生态系统将会崩溃,后果是毁灭性的。1971 年,《罗马俱乐部报告》指出:由于一些重要的环境资源是可耗竭的,并且自然环境对于经济系统产生的废弃物的吸收能力有限,因此世界经济的增长是不可持续的。

于是一种基于资源约束的可持续发展思想应运而生,可持续发展实际追求的是一种稳态的增长。在戴利等人看来,在一个有限世界中的人口指数增长将导致所有物种灾难,挽救生态只有依靠稳定经济状态。Vitousek 认为,"稳态经济学"主张必要时应放弃短期内经济增长和资源消耗,建立"理想生态经济社会"。在相当长的一段时间内,经济学家们围绕着是否存在增长的极限争论不休,也正是这样的争论为 20 世纪 80 年代后期兴起的可持续发展研究奠定了基础。后续的相关研究提出了很多新概念,试图建立很多指标体系去衡量资源消耗和经济发展问题,如绿色 GDP 概念、生态需求指标(ERI)、净经济福利指标(NEW)、净国内生产指标(NDP)、净国民福利指标(NNW)、可持续经济福利指标等。

第二阶段,研究者认为资源或许不是约束经济增长的核心问题,而环境质量的变化则很可能会改变长期增长,影响可持续发展。这一阶段研究的重点在于考察经济增长对环境质量的影响,代表性的研究就是环境库兹涅茨曲线研究。研究者思想的转变起源于对市场机制的依赖。《增长的极限》的反对者们认为在市场机制的作用下,稀缺环境资源价格的上涨会引致人们用非稀缺资源对其进行替代,从而可以避免稀缺资源强加于经济增长的极限。从人类发展史来看,历史上不断有大量的稀有资源被不断替代的证据。经济人理念结合看不见的手的驱动机制将使世界经济免遭"资源危机",于是有关极限争论的结果是将人们对环境经济学的研究兴趣从资源枯竭问题转向了环境污染问题。

Maler(1974)首次将资源约束问题转化为从环境质量角度研究最优经济增长,为后来的研究极大地拓宽了视野。事实上,Krautkraemer(1985)、Olson(1990)和Barrett(1992)等所做的研究便是在Maler(1974)这一思路上进行的。20世纪90年代,Grossman和Krueger提出了环境库兹涅茨曲线,随后掀起了一场有关经济增长与环境质量实证研究的高潮。研究者多以人均收入(人均GDP)为经济增长的代理变量来度量增长与环境质量之间的关系,出现了大量有关环境库兹涅茨曲线方面的经验研究。然而,由于研究者选取的研究对象不一致,研究方法大相径庭,研究视角各不相同,选取的解释变量千差万别,导致研究结论各不相同,从而使得有关增长与环境质量之间的关系争论不断,并各有其证据。这一阶段的实证研究加剧了经济增长与环境问题的争论。EKC假说的验证中至少存在两个问题:第一,主要污染物能否代表真实环境质量状况;第二,经验研究结果表明,经济增长与环境代理变量之间倒"U"形关系,在现实并非是稳定和普遍存在的(Stern,2004)。

目前,对环境库兹涅茨曲线的微观解释及其争论主要集中在以下几个方面:

第一,收入的弹性问题。按照环境库兹涅茨曲线假说,随着人们收入水平的提高,人们对周围环境的质量要求就会提高,对洁净的空气以及良好的生态环境的支付意愿大于对收入提高的需求,对环境质量的需求随着收入而上升(Selden,Song,1994;Baldwin,1995)。这种解释实际上是将环境质量作为一种商品看待,从收入与需求的角度进行分析,也就是说,随着人们收入水平的提高,消费者将会提升对环境商品的需求。通常认为,在经济发展初期,对于那些正处于脱贫阶段或者经济起飞阶段的国家,人均收入水平较低,其关注的焦点是如何摆脱贫困和获得快速的经济增长,再加上初期的环境污染程度较轻,人们对环境服务的需求较低,从而忽视了对环境的保护,导致环境状况开始恶化。可以说,此时,环境服务对他们来说是奢侈品。随着国民收入的提高,产业结构发生了变化,人们的消费结构也随之产生变化。此时,环境服务成为正常品,人们对环境质量的需求增加了,于是人们开始关注对环境的保护问题,环境恶化的现象逐步减缓乃至消失(Panayotou, 2003)。此外,它还隐含了两个假设条件:第一,假定富人和穷人具有至少差不多相似的偏好函数;第二,环境质量具有固定不变的价格,即不随收入而变化的价格。然而,也有反对意见指出,就已观察到的情况而言,尚未出现人们对良好生态环境的支付意愿大于对收入提高的需求。对于隐含的假设条件,目前也存在着重大争议。

第二,验证规模、结构和技术效应。正如 Grossman (1995)所说,一个发展中的经济,需要更多的资源投入。人均收入的不断增长意味着经济规模变得越来越大,即产出将有大幅度的提高,那么这意味着废弃物的增加和经济活动副产品——废气排放量的增长,从而使得环境的质量水平下降。随着收入的变化,显然经济结构也将随之产生变化,而在不同的经济结构下污染水平是不一样的。不同的经济结构代表的技术水平也不相同,这些都会导致污染水平的不一致。Panayotou(1993)指出,当一国经济从以农耕为主向以工业为主转变时,环境污染的程度将加深,因为伴随着工业化的加快,越来越多的资源被开发利用,资源消耗速率开始超过资源的再生速率,产生的废弃物数量大幅增加,从而使环境的质量水平下降;而当经济发展到更高的水平,产业结构进一步升级,从能源密集型为主的重工业向服务业和技术密集型产业转移时,环境污染减少。实际上,在产业结构升级的过程中也包含了技术的作用。首先,产业结构的升级需要有技术的支持,而技术进步使得原先那些污染严重的技术被较清洁的技术所替代,从而改善了环境的质量。其次,在新的产业结构下又有利于新环保技术的产生,而这些新技术的运用能够极大地改善环境质量。这使得在第一次产业结构升级时,环境污染加深,而在第二次产业结构升级时,环境污染减轻,从而使环境与经济发展的关系呈倒"U"形曲线。

第三,国际贸易中的污染问题。贸易对一国环境影响存在重大争议。一种观点认为,贸易和外商直接投资(FDI)为发展中国家提供了采用新技术的动机和机遇,能促使其实现清洁或绿色生产,进而提高全球环境质量和地区可持续发展能力(Siebert, 1977;Birdsall 和 wheeler, 1993;Porter, 2002;Frankel, 2003);另一种观点认为,对发展中国家而言,无论从短期还是从长期来看,它所引起的环境后果都是消极的(Leger, 1995;Brander 和 Taylor,

1997；Benarroch 和 Thille，2001）。一方面，贸易会使得一国的经济规模扩大，从而增加环境污染；另一方面，贸易能够提高发展中国家的收入水平，随着实际收入的提高，人们希望生活在更洁净的环境中，从而促进该国对环境保护规则的制定。但是，较低的贸易准入规则会使得具有严重污染的物质通过贸易转移到该国，从而使环境质量恶化。FDI 的流向是环境政策影响对外贸易的一个重要方面，采取宽松环境政策的国家是否能够吸引更多的外国直接投资，国与国之间的环境控制成本差异是否会大到使得污染密集型产业迁徙到那些环境管制较为宽松的欠发达国家中去？这些问题一直是研究者们争论的主题，并且产生了两大假说。"向底线赛跑"假说认为，在贸易自由化过程中，各国将降低各自的环境质量标准以维持或增强竞争力（Dua 和 Esty，1997）。"污染避难所"假说认为，一个国家制定了严格的环境政策之后，会迫使该国污染严重的产业向环境管制宽松的国家转移，发展中国家因而成为"污染物避难所"。Copeland、Taylor（2004）和 Sheldon（2006）等的研究表明，环境政策影响贸易和投资流向，但是没有很强的证据显示环境政策是国际贸易和投资流向的首要或关键因素，环境政策不是导致污染密集型产业转移的根本原因，产业结构、要素禀赋、技术差异等才是决定性因素。

第四，市场机制。在自由、完善的市场制度之下，价格机制能够起到优化资源配置的作用。伴随着资源价格的上涨、治理污染成本的增加以及各国对环保要求的增加，在市场机制的作用下，市场经济的自由配置使得大量洁净资源被利用从而降低污染物的排放，经济发展会强化市场机制的作用，使得发展经济过程中使用的资源通过市场机制的配置而有利于降低污染水平。从经济发展的规律来看，在第三次工业革命以前，整个社会占据主导地位的是农业，这之前一直存在对自然资源的过度使用问题。随着经济发展，由于市场机制的作用，资源的价格开始在市场上反映出来。由于自然资源本身所具备的稀缺性，根据供求规律，自然资源的价格会提高，自然资源的价格提高了，理性人就自然会较少使用资源密集型的技术。20 世纪 70 年代石油价格大幅度提高，其结果就是大量使用电力替代石油充当新能源，同时也减少污染物的排放。Unruh 和 Moomaw（1998）认为，通过市场机制减少政府干预，市场上的价格信号的波动能够很好地解释环境库兹涅茨假说。也有反对者对此提出了异议。持反对意见的研究者认为,从经济学的角度而言,环境问题并没有很好的解决办法。在一个非管制的市场上,制造污染的人不需要承担污染成本,结果就是过度污染。对于污染这一类外部性问题,经济学上提出的解决方案通常是征税和界定好产权。从实际运行效果来看,日益恶化的世界环境便是最好的回答。此外,有一类资源属于公共物品,由于不具有排他性,因此理性人出于自身利益将尽可能利用它,结果将导致这类资源的使用过度,从而造成灾难性的后果。

第三阶段,研究者们的思路完全不同于前两阶段的研究,研究者不再简单地纠缠于两者关系到底如何,而是试图用新增长理论引入技术因素以突破环境约束,维持经济长期高速的增长。这一时期的研究重点,既考虑资源的约束,也考虑环境的约束,不仅在理论上突破增长的环境约束,同时还在实证上有大的突破。

早期的部分研究存在一个重大缺陷,因为没有考虑技术进步因素。世界末日的预言者没有看到热力学规律作用不到的领域,如知识的生产、技术进步,没有任何理由认为知识的生产是有界的,正因为知识的生产不受热力学熵增定律缚束,技术进步、环境与其他要素之间投入的替代有可能让人类逃脱世界末日的厄运。尽管之前的部分研究也都考虑了技术进步因素,但更多的只是作为一种描述性的或者解释性的说明,如解释环境库兹涅茨曲线。实际上,一项新的技术能从根本上改变经济与环境"两难选择"(trade-off)的范围和性质,技术进步不正确的假定将导致对增长与环境的关系有偏误的描述和政策建议(Carraro 等,2003)。然而,由于种种困难,先前的大量理论与经验研究,在研究环境与经济增长关系问题时,要么将技术因素排除在外,要么给定技术的外生性假定。这与当前日益增多的动态性、内生技术进步的证据相矛盾。

20 世纪 90 年代后期,随着"新增长理论"的快速发展,技术因素内生化到经济模型中,直到现在环境与增长模型中内生技术进步仍然是本领域的研究热点。加入技术因素后的增长与环境的模型,按其研究思路可以简单地将其分为两种类型:第一类是"自上而下"(top-down)的模型,主要是总量生产、消费部门和总量技术参数假定下的宏观经济模型。第二类是"自下而上"(Bottom – up)模型,主要是针对特定的环境问题设置各种具体的方程和参数模拟不同场景的技术经济模型。后者在评估全球气候变化政策的"成本—收益"或"成本—效率"方面应用尤为广泛。无技术进步增长模型显然不符合现实,而外生技术进步的假定限制了人类化解环境约束下可持续增长的能力,几乎所有的研究都表明在环境与增长的模型中引入内生技术进步是重要的,尽管有时可能低于预期(Carraro 等,2003;Nordhaus,1999),但是技术进步"内生"的不同渠道将对环境政策和经济结果产生不同的影响。内生技术进步尤其是环保领域专门的技术进步对于化解环境增长难题、实现可持续增长具有重要意义。无论是在"自上而下"的模型,还是"自下而上"的模型中,研究者都发现实现既定环境政策的目标,在"环境—能源—经济"系统中引入内生技术进步都将比无内生技术进步时成本更低、效率更高。研究与发展(R & D,Research & Development)、干中学、知识溢出等不同的内生技术进步的方式拓宽了研究者们的视角,为环境政策制定以及工具设计增添了新的变量,提供了新的方法和思路。

环境政策对环境质量的影响研究,主要是在新古典经济理论的基本假设下研究政策变量的作用,研究过程中政策变量被函数化进入模型,如 Ligthart 和 Van der Ploeg(1994)、Bovenberg 和 Smulders(1995)、Jones 和 Manuelli(1995)、Mohtadi(1996)、Sjak Smulders 和 Raymond Gradus(1996)。这方面研究的基本结论是:政策建议将会影响均衡增长路径,所以说资源环境政策的作用是巨大的,但是 Masui 等(1999)在投入产出分析中加入政策作用后得出只有大规模地减少废弃物,才能得到节约资源的效果,环境政策要发生作用往往需要严格的条件。

(三)经济增长与环境质量关系问题研究近况

严格地说,经济增长与环境问题研究并不能以时间段的形式来划分。尽管前文将其划分为三阶段,但是这并不代表三阶段有着时间上的继起关系,尤其是第二和第三阶段具有时间上的完全重叠性。更准确地说,上述三阶段划分标准是按照研究者们的研究思路和研究结论来划分的,更多的是一种类似于派别的分类。实际上,按照上述三种研究思路的研究一直在延续,在发展,在深入。

关于增长极限的研究已经演化为环境容量、生态阈值的研究,主要探讨经济系统的发展到底能容忍生态环境质量下降到什么程度,是否存在一个制约经济发展的生态环境阈值。研究内容包括大气环境容量、水环境容量、生态环境容量的研究,生态阈值研究(Ecological threshold)、生态足迹研究(Ecological Footprint)、环境空间(Environmental Space)的研究等,具体文献见 Rees(1997)、Wackernagel 等(1996)、Wackernagel 和 Rees(1996)、Wackernagel 等(1999)、Simmions 等(2000)、Wackernagel 等(2002)。

由稀缺资源引发的关于稳态经济的研究也有极大的发展。Brock 和 Taylor (2004)在索洛模型的基础之上发展出了"绿色索洛模型"(the green Solow model),引入污染削减函数和污染削减技术进步,该模型的重要含义是不受产出结构变化、不断增强的排放标准和削减的报酬递增等其他因素影响。依靠索洛模型收敛性质,在削减技术进步率大于产品部门产出增长率和产品部门产出增长率以外生技术进度率增长时,就可实现治污成本大致保持不变的可持续增长。

现在低碳经济思潮已经成为世界主流。低碳经济是以低能耗、低污染、低排放为基础的经济模式,是人类社会继农业文明、工业文明之后的一次重大进步。前世界银行首席经济学家尼古拉斯·斯特恩(Stern)牵头做出的《斯特恩报告》指出,全球以每年投入 GDP 的 1%,可以避免未来每年 GDP 5%~20%的损失,呼吁全球向低碳经济转型。低碳经济实质是能源高效利用、清洁能源开发、追求绿色 GDP 的问题,核心是能源技术和减排技术创新、产业结构和制度创新以及人类生存发展观念的根本性转变。2007 年,美国参议院提出了《低碳经济法案》,表明低碳经济的发展道路有望成为美国未来的重要战略选择。联合国环境规划署确定 2008 年"世界环境日"的主题为"转变传统观念,推行低碳经济"。

关于国际贸易中引发的增长与环境问题已经突破了原有的研究模式,不再拘泥于简单地探讨贸易对经济环境影响的问题。研究者已经就这一问题达成共识:在短期内,对外贸易对发展中国家和那些环境保护机制缺失、环境进入门槛值低的国家有害;长期中,结论不明确。目前,研究者大多采用博弈论的方法研究跨流域、跨国界间的环境问题,研究和设计新的政府间、国际间的环境政策合作机制。与此同时,战略性的环境政策研究也逐步兴起,以不完全竞争为基础的战略性环境政策理论,为在自由贸易约束下各国政府如何寻求其他政策工具转移租金提供了新的研究思路。传统的贸易政策工具,如关税、补贴等,受到世贸组织规则的限制,各国政府不得不寻求其他政策工具来转移租金,考虑在产业和贸易政策的"武库"中添加了新的项目,诸如排污标准、减污补贴、排污税等。为了保持国际竞争力,环境政策已经演变成产业政策、贸易政策。此外,一系列有利于世界环境保护的制度正在逐步完善并付诸实践,如排污权交易能源合同制度。

关于经济增长对环境污染方面的研究深度也极大加强了。一些研究试图用现行货币单位计算出环境变化对经济的影响。斯特恩(2006)在报告中指出,气候变化对经济造成的负面影响远远超出了我们当初的设想,按照常规经济模式预测,如果我们现在不采取行动,那么气候变化所造成的成本和风险,包括对基础设施的破坏、供水的不足、食物匮乏等,每年将至少相当于全球 GDP(生产总值)的 5%。如果从更广义的角度考虑这些风险和影响,则破坏程度将相当于全球 GDP 的 20% 甚至更多[①]。还有一些研究者开展了社会资本与环境污染之间的关系研究,主张吸引并运用社会资本投资污染防治(Pretty 和 Ward,2001;Kevin,2003;Grafton 和 Knowles,2003)。

(四)总结与展望

在过去的几十年中,经济增长与环境关系问题一直争论不断,各种观点支持与反对的证据都存在,研究者无法达成共识。然而,这并不妨碍人们对于这一关系问题的认识与协调,无论是悲观的环境论者还是乐观主义者,都在这场争论中找到了解决问题的思路。前者在于限制增长,后者强调可持续发展。随着人们环保理念的加强,以及新技术和新手段的不断运用,可以

---

① 一些研究者对斯特恩的报告提出了强烈的质疑,如 Richard(2006)指出,斯特恩报告是有关气候影响的相关主题精心选择的研究结果,这一选择并不是随机的,强调的是最悲观的研究结论。

预见经济增长与环境问题仍然是研究者们热衷的主题。研究主题将朝向两个方面发展,从宏观来看,研究内容将会不断扩充,研究思想和思路也将不断完善;从微观来看,研究将不断深入细致,模型中不断有新的变量加入,经验研究也将更为具体和现实。当然,增长与环境这一主题的争论仍将继续。尽管可持续发展的思想可以突破环境约束,然而,现实经济并未处在可持续性发展的轨道上,"看不见的手"所给予的信号也未积极有效地将世界经济引向可持续发展,我们更多地需要"看得见的手"发挥作用。因此,新政策将不断出台,引导世界经济走向低碳经济模式;国际合作也将不断深入,甚至还有可能形成新的世界政治格局以保障可持续发展战略的有效执行。

二、我国新农村建设中的经济发展与环境问题

近 20 年来,中国的农村经济发展有一个重要的特点,即农村工业迅速发展,带动了农村经济发展。然而农村工业主要以中小型企业为主且企业地点分散,于是出现了"村村点火、户户冒烟"的现象;农村企业的员工则主要以当地的原住居民为主,强调农民"离土不离乡、进厂不进城"。这种模式的工业化产生了严重的环境污染①。解决这一复杂问题,不能简单地强调环境管理。为了确保农村经济发展,同时使得农村环境得到治理,2005 年,我国将建设社会主义新农村作为现代化进程中的重大历史任务提出。2006 年,党中央、国务院发出的中央一号文件提出了新农村建设的总体要求和重大方针政策。2006 年 2 月,中央又举办省部级主要领导干部建设社会主义新农村专题研讨班,向全党和全国人民发出"动员令",这意味着在新的历史进程中推进社会主义新农村建设的序幕已经拉开②。与此同时,理论界关于新农村建设中的经济发展与环境问题的研究也如火如荼。本节将这一问题的

① 农村工业生产中排放的大量烟尘、废水和固体废弃物严重污染和破坏了农村生态环境。2003 年农村工业企业化学需氧量、粉尘和固体废弃物排放量占全国工业污染物排放总量的比重均接近或超过 50%。世界银行已经将我国农村工业污染列为三大严重环境污染问题之一。
② 十六届五中全会提出将"生产发展、生活宽裕、乡风文明、村容整洁、管理民主"作为社会主义新农村的建设目标;《中共中央关于制定国民经济和社会发展第十一个五年规划的建议》提出"建设社会主义新农村是我国现代化进程中的重大历史任务"。

研究归纳为几个方面进行重点说明。

(一)新农村建设中的经济增长与环境问题

中国是一个农业大国,超过60%的人口生活在农村地区,与农业、农村密切相关的收入是他们主要的生活来源。如何在有限的自然资源禀赋条件下,保障粮食安全同时不断提高农村居民的收入水平,以保持农业生产的顺利进行和农业经济的持续增长,一直是政府所关心的重要问题。在过去的半个多世纪,我国农业、农村经济取得较快发展,事实证明,农业、农村的发展是我国经济发展和粮食安全的根本保障。然而,中国的农业与农村经济发展在很大程度上是以掠夺式开发资源与持续破坏生态环境为代价的。尽管中国持续有效地保证农产品充分供给,但生态环境日益恶化已经是不争的事实。

1. 农村经济增长

根据增长理论,总产出增加可以通过简单的两个途径实现,一是增加要素投入,二是改善和提高生产效率。当然,还有一些因素也会推动农村经济增长,比如制度改善和政府的相关政策。下文就我国农村经济发展的理论和经验研究作一个简要的综述,考虑到影响因素众多,为更好地结合研究主题,综述主要从乡镇企业发展、制度变迁、农业贸易、技术进步、农村人力资本以及财政政策等方面展开。

(1)乡镇企业与农村经济发展

高翠杰(2011)分析了乡镇企业对农村经济发展的具体影响,认为乡镇企业为农村经济的发展提供了持续动力,是农村经济增长的重要保障;孙桂玲等(2010)分析了全球金融危机对乡镇企业和农村经济的影响,认为金融危机深远地影响了我国农村经济和乡镇企业,使部分农产品出口受阻,农民工就业难度增加,对我国农村经济发展产生了极大的影响。杨峰(2007)认为当前我国农业和农村经济进入了一个新的发展阶段,主要农产品供给实现了由长期短缺到总量基本平衡、丰年有余的历史性跨越,但也出现了农产品难卖、价格下跌、农民增收趋缓等新的矛盾和问题,解决这些问题关键在于发展乡镇企业。樊军和余雪松(2009)通过对湖北省大悟县留守儿童进行抽样调查,研究认为,在解决留守儿童问题时应该采取更好的"请回来"而不是"接出去"的方式,即在有条件的农村兴建乡镇企业,吸收流失在外地务工的劳动力,发展农村经济,建设社会主义新农村。

一些研究者对乡镇企业对农村经济发展的具体贡献做了经验研究,如朱玉春和郭江(2006)采用重构增长速度方程,具体研究了农业乡镇企业技术进步率与农业增加值增长率之间的关系,研究表明:我国1979—2003年乡镇企业的技术进步对农业发展具有很强的促进作用,本期和滞后一期的技术进步率每增长1个百分点,农业增加值的增长率将分别提高0.44个百分点和0.56个百分点。因此,改革开放以来乡镇企业的发展真正为农业和农村经济的发展做出了巨大的贡献。林伯强(2002)具体研究了福建的情况,他运用1978—1990年福建数据,使用两要素增长模型,发现福建地区乡镇企业劳动力边际生产率是农业部门的2.6倍,为该地区经济发展做出了巨大贡献。此外,劳动力流向乡镇企业缓解了过度拥挤的城市移民压力,促进了农业增长。林伯强认为如果价格扭曲和源于临时性土地所有权的激励扭曲被减小或被消除的话,乡镇企业的发展将会是农业增长的源泉。

(2)制度变迁与农村经济发展

张丽敏(2011)提出,在我国新农村建设过程中认真分析改革过程中出现的各种新情况、新矛盾,克服变革的阻力,抓住变革的时机,不断实施新的改革措施,把农村经济制度创新作为主要的突破口,还应以实现农村经济制度创新来为农业增长寻找持续的动力。乔棒等(2006)认为,不同土地制度对人们形成不同的激励,在农业生产和经营中推行的价格、财税制度变革将持续影响从事农业生产和经营的人们的积极性,制度变迁是中国改革开放后农业增长的决定性因素,对制度的关注是实现农业增长的理性选择。李谷成(2009)利用1978—2005年面板数据,采用数据包络分析方法,对影响我国农业生产绩效的农村主要经济制度变迁因素进行理论与经验两方面的分析。他的研究发现:农业生产绩效变动的背后有着极其深刻的制度原因。家庭联产承包责任制、农村工业化与城市化进程、加入世界贸易组织、农产品价格体制改革、农村税费改革、政府农业公共支出变迁等诸多制度因素都是影响农业生产绩效的重要因素,而且在不同阶段这些因素发挥的作用并不相同,同时还发现农业全要素生产率增长主要体现为"增长效应",其"水平效应"不大,且省与省之间差异明显。他认为农业发展除了实现持续的技术进步外,还应努力从制度创新上寻找提高生产绩效的突破口,特别需要从制度安排上保证给予农民以"国民待遇",给予农业以平等的发展机会,实现起始机会的公平。袁洪斌等(2006)考察了我国农村经济制度与农村金融制度变迁的过程,主要运用制度经济学理论对农村经济制度与农村金融制度变迁的路径与主要内容、影响因素及基本特征进行相关比较研究,对二者的相互关系进行了理论上的探讨。

还有一些研究者对我国早期的重大农业制度变迁的效果进行了分析,如黄少安等(2005)通过面板数据分析表明,1949—1978 年,价格指数比、劳动力对产出影响很小,不同阶段产权制度对投入土地、劳动、化肥等的激励程度不同,从而农业总产出有较大不同。在投入相同生产要素和政策要素下,农业产出也有不同,所有权农民私有、合作或适度统一经营在不同的时期可能是相对较好的制度,能较大程度激励各生产要素的投入,使农业实现高速稳定的增长。郭为(2003)提出了地权控制扰动假说,他认为 1952—1978 年主要是土地控制权的变化导致了农业产出增长率的变化,并通过设定包含虚拟变量的线性回归模型验证了假说。刘玉铭和刘伟(2007)研究表明:1982—1987 年家庭承包制对农业总产出增长贡献为 2.6%,同期水田的贡献为 46.5%,家庭承包制提高了农民的积极性,但对规模经营、分工协作和统一服务的破坏也阻碍了生产力的提高。还有早期的研究专门针对我国家庭联产承包责任制改革进行了研究,大多认为经济体制改革对农业部门的影响是显著而短暂的(McMillan 等,1989;Lin,1992;Kalirajan.,1996;Xu,1999;Fan 等,2004)。

(3)农业贸易与农村经济发展

对外贸易是拉动我国经济增长的三驾马车之一,同样农业贸易对农村经济发展也起到了重要作用。李银兰(2011)指出农产品出口是促进农业发展与农民收入增长的一条重要途径,但我国农业贸易自身的弱点与发达国家采用的诸多限制即贸易壁垒,使得我国农产品出口面临不少困境。傅晨和李飞武(2011)分析了金融危机给农业发展带来的挑战,探讨了中国与东盟农业合作的主要内容。綦建红和王平(2008)分析了"入世"后我国农产品贸易持续逆差的问题,研究发现我国农业贸易进口增长约是出口的两倍,高技术加工型农产品占据农产品进口的绝大多数,而劳动密集型农产品则主导着出口的大局,大多数农产品显性比较优势指数下滑迅速,农业面临的国际化竞争压力全面提升且产业内贸易竞争激烈。

还有大量的经验研究分析了农产品贸易与经济增长之间的关系。曹永峰(2007)发现农产品进出口对农业增长具有较强促进作用,反过来农业增长对农产品进出口同样具有促进作用。农产品进出口以及人民币实际汇率冲击对农业增长的影响存在一定的时滞,农产品的进口对农业增长有着正向冲击。陈龙江等(2005)测度了农产品进出口贸易对农业增长的贡献,研究表明:1982—2003年我国出口、进口和进出口总额对农业增长的贡献分别为12.6%、6%和8%,农产品贸易对农业增长的贡献在不断增大,尤其是加入世贸组织后农产品外贸的贡献作用非常大。郑云(2006)采用协整分析和格兰杰因果检验研究我国农业增长与农产品出口问题,研究表明:劳动密集型农产品出口明显促进了农业的增长,两者之间存在双向格兰杰因果关系,土地密集型农产品对农业增长的影响不显著,两者之间不存在任何格兰杰因果关系。杜红梅和安龙(2007)研究发现,长期内农产品进口对农业增长具有较强促进作用,农产品进口主要通过促进农业产业结构升级、提高农业技术、加速知识积累来提高全要素生产率。胡求光(2007)以浙江为例,研究表明:1981—2005年农产品进出口贸易对浙江农业经济增长有长期的显著正向影响,进出口贸易总额对农业经济增长的产出弹性为0.2,农产品出口的产出弹性为0.26。

(4)国家财政政策与农村经济发展

农业发展需要国家财政的支持,世界上绝大多数发达国家政府对农业的财政支持力度非常大。政府可以通过财政支持政策来调控农业生产进而对农民收入产生影响,还可以通过财政对农业的有效支持解决农业增长的公共物品外部性问题。中国政府制定了积极的财政政策,在农田水利基本建设、水土保持、农业科研及技术推广等方面投入大量资金,为提高农业生产率、促进农业增长发挥了一定作用,然而值得说明的是,改革开放以来财政支农总量有所提高,但相对份额却在波动中呈现下降态势,这种趋势在我国提出新农村建设后才有所改变。安广实(1999)指出,农业投入特别是农业公共物品投入不足已经成为制约我国农业发展的重要因素。

史兆冉(2009)认为,建设社会主义新农村是我国现代化进程中的重大任务,新农村建设的财政政策是以政府为主导、以农民为主体的政策体系,其目标是实现农业发展、农民增收和农村繁荣。史兆冉分析了我国新农村建设的财政政策现状与财政政策存在的问题,借鉴国外农村建设的财政政策,提出了完善我国新农村建设财政政策的对策。

曹青山和吕勇斌(2011)以我国31个省市地区为例,选取1990年和2009年的金融机构农业存款、农业贷款、财政支农和第一产业增加值,使用Geoda软件建立空间滞后模型和空间残差模型,研究我国农村金融与农村经济发展问题,结果表明:农村金融没有对农村经济发展起促进作用,财政政策对农村经济发展作用重大。刘有慧和聂全林(2011)提出应该运用积极的财政政策建立健全农产品价格保障机制,以保障农民收入提升。李焕彰和钱忠好(2004)使用1986—2000年全国的分省数据,运用格兰杰因果检验和柯布—道格拉斯生产函数研究财政支农支出增长和农业产出增长之间的关系,发现两者互为因果的关系;农业公共产品投入不足极大地制约着中国农业可持续增长的潜力。魏朗(2006)利用1993—2003年西部地区各省的面板数据,使用固定效应变截距模型分析财政支农的贡献,发现地方支农支出对西部农业增长的平均贡献率为18%,并且各省间的差距较小,是影响农业增长众多因素中相对稳定的。进一步研究表明各要素对农业增长平均贡献率次序为全要素生产率(65.72%)、财政支农(29.27%)、人口(5.12%)、投资(0.11%),约有30%的地区农业增长是依靠财政支农推动。

(5)农村人力资本与农村经济发展

学者们对农村地区的人力资本的研究一般是从农村教育的角度入手,主要研究农村教育情况与农村经济增长以及农村收入增长的情况。

史常亮和金彦平(2011)对农村人力资本投资规模、投资结构与农村经济增长关系进行了实证分析,得到如下结论:①人力资本的投资数量和结构同时制约着农村经济的增长,但投资规模作用机制更为明显;②短期中,人力资本投资结构变动对农村经济增长具有即期效应,经济增长又反过来促进了人力资本投资规模的扩大。孙健和白全民(2010)测算了我国1980—2006年间农村人力资本存量,将其引入柯布—道格拉斯生产函数,研究表明:我国农村人力资本投资对农村经济增长具有积极的正向推动作用,但贡献率低于劳动力数量及物质资本投入,这表明我国农业生产仍处于粗放式经营阶段。丁冬(2010)采用新经济增长模型,研究了农村人力资本存量对农村经济发展的作用,实证发现人力资本对农村经济发展具有重要意义。汪小勤和李金良(2004)根据1978—2002年全国时间序列数据,运用格兰杰因果检验发现教育投资与农业发展之间并无因果关系,教育的外溢作用没有渗透到农业部门,并解释了这种现象可能的原因来自于四个方面:第一,教育的"投资—收益"周期较长;第二,农业和农村人力资本投资严重不足;第三,物质生产要素投入以及农业和农村经济的"制度改革效应"是重要原因;第四,农村人力资本大量流失导致教育对农业的"外溢作用"受到严重干扰。孙敬水和董亚娟(2006)认为,农村人力资本是农业增长的重要源泉,进一步分析表明初中教育对农业发展有显著正向影响,是农业增长的最主要人力资本源泉,高中和高等以上教育也有正向作用,但对农业增长没有产生显著作用。张艳华和刘力(2006)发现农村人力资本存量不断提高但总体水平仍较低,城乡间、地区间差异较大,并解释了人力资本对农村产出贡献较低的原因在于人力资本增长远慢于物质资本的增长、人力资本投资不足,本质在于长期以来在教育投入上的城乡"二元制"。杜江和刘渝(2008)将农户人力资本投资划分为教育、健康和迁移投资,发现物质资本及土地投入是农业增长的重要保障,而且人均教育、迁移投资的作用显著,对外开放则对农业增长产生了一定的抑制作用。李瑞锋(2007)分阶段研究农村教育对农村经济增长的作用:1984—2004年,资本投入是主要的增长来源,教育的贡献率也十分明显,小学和初中教育对经济增长作用相对突出,不同的阶段,各个要素表现也不同,1984—1994年资本和教育投入对农村经济增长的贡献相当;1994—2001年,增长主要来源于资本投入,其次才是教育;2001—2004年,教育对增长的作用明显。

（6）技术进步与农村经济发展

技术进步被誉为经济增长的源泉,农村经济增长自然也离不开技术因素的影响。

郭欣（2011）从技术选择的角度分析农村经济增长的相关问题。郭欣认为技术选择、技术进步、技术转移与技术创新等都是影响农村经济发展的重要因素,然而并不意味着最先进、最前沿的技术就是促进经济增长最快的,各个地区进行技术选择时必须结合自身资源禀赋,适宜的技术才是促进经济增长与发展最有效的。李谷成（2009）运用 DEA - Malmquist 分析方法,对中国农业全要素生产率增长的时间演变和省区空间分布进行实证分析,并将全要素生产力分解为技术进步、纯技术效率变化和规模效率变化三部分。他们的研究表明,全要素生产率增长主要由农业前沿技术进步贡献,技术效率状况改善的贡献很有限,我国农业全要素生产率增长较为显著,各省区之间的全要素生产率增长差异较大,且表现出明显的阶段性变化特征。

邓宗兵和张旭祥（2002）运用柯布—道格拉斯生产函数测度科技进步对农业增长的影响,得到如下基本结论:1979 年以来,农业总产值增长主要归功于物质投入的增加（66%）和科技进步（34%）,但是各个阶段技术进步的作用呈现出阶段性波动特征;1980—1985 年科技进步贡献作用巨大,接近40%;1986—1990 年科技进步贡献有所下降约为 28.5%;1991—1995 年农业物质费用和科技进步的贡献为 35%;1995—1999 年农业物质费用和科技进步贡献为 37.3%。

2. 农村环境问题

现有的研究,尽管各个研究者提法不一样,但从总体来看,一般将农村环境问题归纳为土壤污染、水污染、大气污染、固体废物污染和水土流失等几个方面,下面我们就上述部分污染问题进行简要说明。

（1）土壤污染

造成我国土壤污染的原因主要来自如下方面:第一,重金属污染。农村经常将污泥和固体废弃物作为肥料施用,常使土壤受到重金属、无机盐、有机物和病原体的污染。目前我国受锡、砷、铬、铅等重金属污染的耕地面积近3亿亩,其中工业"三废"污染耕地1.5亿亩[1]。工业固体废物、城市和农村生活垃圾向土壤直接倾倒,经过日晒、雨淋、水洗等作用使重金属发生水解、电离、移动,以辐射状、漏斗状向周围土壤扩散,形成污染带。第二,牲畜排泄物和生物残体对土壤的污染。目前,我国规模化畜禽养殖业造成的污染有日趋严重的趋势,绝大多数禽畜饲养场的厩肥和屠宰场的废物,都未经物理和生化处理直接流向土壤和江河,其中的寄生虫、病原菌和病毒等可引起土壤和水域污染,并通过水和农作物危害人群健康。第三,农药、化肥等对土壤造成的有机污染。中国已是世界上最大的化肥消费国,也是生产和使用农药的大国,农业污染问题受到了广泛的关注(范成新等,1997;钱易和陈吉宁,2008;邱君,2008)。自1959年起,我国便在长江中下游地区使用五氯酚钠防治血吸虫病,其中的杂质二噁英已造成区域性二噁英类污染;尽管有机氯农药已禁用了近20多年,但土壤中的残留量检出率仍很高,例如广州蔬菜土壤中六六六的检出率就达到了99%,DDT检出率更是达到100%。此外,除草剂、丁草胺、多环芳烃、多氯联苯、塑料增塑剂等高致癌的物质可以很容易在重工业区周围的土壤中被检测到,一项针对天津市区和郊区土壤中的10种PAHs的调查结果表明,市区是土壤PAHs含量超标最严重的地区,其中二环萘严重超标。第四,土壤的辐射污染。我国部分地区出现了放射性物质对土壤的污染,污染来源途径广泛,包括铀矿和钍矿开采、铀矿浓缩、核废料处理、核武器爆炸、核实验、燃煤发电厂、磷酸盐矿开采加工、大气层核试验的散落物等。由于放射性污染半衰期长,此类污染在土地上滞留的时间长,影响大[2]。

(2)水污染

水污染主要污染源来自工业和生活的废水排放。表1-1记录了近五年来我国主要污染物排放情况。

---

[1] 李同山.论农村环境保护及其机制创新[J].贵州社会科学,2005(3).
[2] 国外出现的严重的土地放射性辐射污染主要有1986年切尔贝利事件和2011年日本的福岛核辐射污染事件。

表 1-1　2006—2010 年我国废水和主要污染物排放量表

	废水排放量(亿吨)			化学需氧量排放量(万吨)			氨氮排放量(万吨)		
	工业	生活	合计	工业	生活	合计	工业	生活	合计
2006 年	240.2	296.6	536.8	541.5	886.7	1428.2	42.5	98.8	141.3
2007 年	246.6	310.2	556.8	511.1	870.8	1381.9	34.1	98.3	132.4
2008 年	241.9	330.1	572.0	457.6	863.1	1320.7	29.7	97.3	127.0
2009 年	234.4	354.8	589.2	439.7	837.8	1277.5	27.3	95.3	122.6
2010 年	237.5	379.8	617.3	434.8	803.3	1238.1	27.3	93.0	120.3

资料来源:中国环境统计公报和中国统计年鉴。

一项针对自来水的调查显示,全世界自来水中,测出的化学污染物有2221 种。目前有研究表明,我国主要大城市只有 23% 的居民饮用水符合卫生标准,我国有 82% 的人饮用浅井和江河水,数亿人饮用水安全得不到保障。2010 年我国环境统计公报结果显示:长江、黄河、珠江、松花江、淮河、海河和辽河七大水系总体为轻度污染。204 条河流 409 个地表水国控监测断面中,Ⅰ～Ⅲ类、Ⅳ～Ⅴ类和劣Ⅴ类水质的断面比例分别为 59.9%、23.7% 和 16.4%。主要污染指标为高锰酸盐指数、五日生化需氧量和氨氮。其中,长江、珠江水质良好,松花江、淮河为轻度污染,黄河、辽河为中度污染,海河为重度污染。2010 年我国 26 个国控重点湖泊(水库)中,满足Ⅱ类水质的 1个,占 3.8%;Ⅲ类的 5 个,占 19.2%;Ⅳ类的 4 个,占 15.4%;Ⅴ类的 6 个,占23.1%;劣Ⅴ类的 10 个,占 38.5%。污染指标主要为总氮和总磷。

(3)大气污染

通常大气污染主要源于二氧化硫、二氧化氮和可吸入颗粒物等污染。农村由于生产、生活条件和习惯因素影响,燃烧秸秆、稻草和散煤等对大气产生了危害。生产过程中秸秆和稻草焚烧能够使得空气中烟尘、颗粒物和其他污染物的浓度瞬间急剧增加,从而空气质量迅速下降,不利于人体健康,甚至一些时候还妨碍交通,特别是机场飞机的起降和高速公路上汽车的行驶;散煤做饭、取暖,对农村环境的污染严重,散煤中含有大量的灰分、硫等污染物,直接燃烧由于温度低,燃烧不充分,产生大量的颗粒物、二氧化硫、一氧化碳等污染物,尤其是低空排放,对周围环境特别是燃烧者产生严重污染。

总体来看,2010 年,我国二氧化硫排放量为 2185.1 万吨,烟尘排放量为 829.1 万吨,工业粉尘排放量为 448.7 万吨,分别比 2009 年下降 1.3%、2.2%、14.3%。表 1-2 记录了近五年来我国大气污染物排放情况。2010 年我国监测的 494 个市(县)中,出现酸雨的市(县)有 249 个,占 50.4%;酸雨发生频率在 25% 以上的有 160 个,占 32.4%;酸雨发生频率在 75% 以上的有 54 个,占 11.0%。

表 1-2   我国废气中主要污染物排放量表

	二氧化硫排放量(万吨)			烟尘排放量(万吨)			工业粉尘排放量(万吨)
	合计	工业	生活	合计	工业	生活	
2006 年	2588.8	2234.8	354.0	1088.8	864.5	224.3	808.4
2007 年	2468.1	2140.0	328.1	986.6	771.1	215.5	698.7
2008 年	2321.2	1991.3	329.9	901.6	670.7	230.9	584.9
2009 年	2214.4	1866.1	348.3	847.2	603.9	243.3	523.6
2010 年	2185.1	1864.4	320.7	829.1	603.9	225.9	448.7

资料来源:中国环境统计公报和中国统计年鉴。

(4)水土流失

我国主要的水土流失都发生在农村的山区。目前,我国已有超过 20% 的耕地因为缺少有机质,土地质量不断下降,从而进一步影响农业生产尤其是粮食生产。水利部于 2005 年发布的《2004 年中国水土保持公报》显示,2004 年我国土壤侵蚀量达 16.22 亿吨,这相当于从 12.5 万平方公里的土地上流失掉 1 厘米厚的表层土壤。我国的水土流失以长江、黄河的土壤侵蚀量最多,分别达到 9.32 亿吨和 4.91 亿吨。另外,针对全国 11 条主要江河流域的监测表明我国的水土流失存在以下特点:第一,水土流失分布范围广。全国绝大多数省区市都存在不同程度的水土流失问题,尤其以长江上游、黄河中游、东北黑土地和珠江流域石漠化地区分布的面积大,后果严重,潜在危害大。第二,水土流失主要来源于坡耕地。根据典型区监测,水土流失量主要来自坡耕地水力侵蚀和沟道重力侵蚀,导致水土资源破坏,降低土地生产力。第三,开发建设活动造成严重水土流失。随着我国工业化和城市化进程的加快,大量基础设施建设项目不断开工,破坏地貌和地表植被,产生大量弃土弃渣。第四,伴随农村工业化和城市化,大量农村劳动力外出打工,单位劳动力耕种面积增加,劳动力成本上升,我国水保工程的成本呈现出上升的趋势。与此同时,部分地区出现了农业生产粗放,农业土地利用集约度下降、农田水利基础设施老化失修、水保工作停滞不前等现象,同时也预示着我国水土流失有加剧的可能。

(二) 新农村建设中环境问题的根源

一些研究者对我国农村环境问题的原因进行了详细的分析,对这一问题的研究可以追溯到 20 世纪 90 年代。姜百臣、李周(1994)从农村经济发展即工业化进程的角度将农村生态环境问题产生的原因归纳为三个方面:一是农村工业生产造成直接的环境污染;二是农村自然资源的直接开发利用造成的生态环境破坏;三是农业现代化对生态环境的影响。傅伯杰和于秀波(2000)的研究表明,伴随我国农村经济发展,农村生态环境发展呈现出了新的特点,农村环境污染已经由单纯的工业污染发展到工业污染和大众消费形成的污染并存,水体污染由工业污染发展到工业污染和农业污染的复合污染同在,居民生态恶化问题出现了由局部扩散到更为广泛的地区。这一新特点,我们可以归纳为经济发展不均衡、区域之间自然环境差异以及区域间人类生活方式不一致所引起的生态环境区域特征。陈敏鹏、陈吉宁(2006)也探讨了农村和农业环境污染空间分布特征,他的研究表明我国工业污染对农村的影响主要集中在长江三角洲地区和东南沿海地区。对于这一现象,杨兴宪等(2006)的研究结论认为西部地区污染形成的原因主要是不断增加的人口和自然资源开发的压力以及污染产业西进等,而东部地区的污染主要是工业化带来的污染和农业现代化带来的农业面源污染,以及消费者消费行为等导致的污染。

与之前的研究略有不同的是,苏杨(2006)将农村生态环境问题根源归纳为农业生产、基础设施及规划滞后、农村工业等三个方面,考虑了农业自身条件对农村环境的影响。曲福田等(2006)对江苏省苏南、苏中及苏北的地区环境污染差异进行了比较研究,结论表明:经济增长水平、经济规模、产业结构、制度及环保科技水平等因素是造成区域环境污染差异的主要原因。

吴海燕(2009)认为新农村建设中的环境污染根源于五个方面:第一,农村生态环境因农民生存压力导致破坏;第二,农村生态环境被不当的生产生活方式所危害;第三,农村生态环境监管不力、法规不健全而无法控制污染;第四,农村生态环境的投入不足难以治理污染;第五,农村生态环境被城市转嫁了不少的污染。

一般认为农村化肥使用对环境产生了一定的恶化,但是伴随我国农产品对外贸易的增长,研究者对此提出了异议。周曙东(2001)认为随着加入WTO,农产品进口的增加使得我国化肥农药使用量下降,从而有利于农村生态环境的保护。然而,黄季馄等(2005)并不认可这一观点,他们认为贸易自由化增加了对化肥农药的使用量,最终将进一步恶化环境。何浩然、张林秀等(2006)通过农村微观数据的研究结果表明,非农就业会对化肥施用水平具有促进作用,有机肥与化肥在农业生产中的替代关系并不显著,农业技术培训与农户化肥的施用水平表现出正相关。

还有一些学者从产权、市场失灵、政府失灵以及外部性等方面对农村生态环境问题进行了深层次的分析。李建琴(2006)指出,农村环境所具有的公共产品特性、强外部性及公共产权特点,加之农村环境治理中普遍存在的治理主体缺失、治理资金投入不足等原因是造成农村生态环境恶化的主要原因。一些经济学者还指出农村生态环境恶化的深层结构性原因在于城乡社会的断裂,而且伴随农村生态环境恶化反过来又将造成城乡社会新的断裂,由此形成一个恶性循环(李锦顺,2005;华启和等,2007)。黎赔肆、周寅康(1999)认为我国农村生态环境问题的根本原因在于两个方面:一是产权外部性,二是农村大量公有资源和共有资源的存在。还有一些研究者认为,造成农村生态环境污染的主要原因在于市场失灵、政府失灵两方面的因素(沈满洪,2001;赵海霞等,2007)。温铁军(2007)则认为农村生态环境问题成因主要在于两方面,一是社会上推崇消费主义造成食品浪费,二是盲目招商引资、加快城市化造成土地资源不断被大量占用,并由此引发农业增产与面源污染的恶性循环。

(三)新农村建设中的环境问题的其他方面

1.新农村建设中的环境伦理

在我国新农村建设过程中,部分地方政府缺乏对农村环境伦理的思考,过于注重短期成效,牺牲生态效益获取经济效益和社会效益,此种做法对于我国可持续发展造成了极大的损害。近年来专家和学者开始关注和重视这些问题。

曹素芳(2007)提出了新农村建设过程中应遵循的三个环境伦理规则,一是农村经济发展与环境保护协调发展规则,二是人口增长与土地承载力协调一致规则,三是合理适度消费,追求代际平衡规则。易立春(2008)指出,环境伦理是一种实践伦理观点,她认为环境伦理只有化为实际的行动,才能产生实际作用,只有在农村环境道德建设者中和广大农民从实践方式上,通过各种途径积极实践环境道德,积极推进生产方式的生态化、生活方式的绿色化、生存方式的合理化和消费方式的绿色化,才能最终促成农村生态文明的实现。贾凤姿和王琨(2011)指出,生态环境问题不仅是一个经济问题,而且是一个道德伦理问题,他们从道德伦理视角分析中国农村环境问题背后的道德伦理缘由,揭示出传统道德伦理观在当前的农村环境问题上的负值效应。潘建玲(2011)认为农村经济发展过程中的环境污染问题与整个社会的伦理意识缺失有关,具体来说,包括政府伦理意识导向上的缺失、企业经营中的伦理意识漠视及整体国民的道德意识较低。基于伦理道德视角,他们解释了经济发展与环境污染之间的因果关系,对于我国发展生态经济,构建社会主义新农村以及和谐社会建设都具有重要的意义。

2.新农村建设中的环境演变机制

从生态学的角度来看,农村生态环境系统的变迁是一个复杂的系统性问题,它是社会、经济和生态三个系统相互影响和相互作用的结果。一般来说,农村生态环境演变的驱动因素可以分为自然因素和人为因素(武胜国,2007;马永忠,2006;姜立强、姜立娟,2007)。

从人为因素来看,在人类社会经济活动的干预下,农村生态环境演变驱动力主要表现为社会经济活动,此因素也是人类能够在一定程度和范围内自我控制的因素。研究生态环境的社会经济驱动机制具有重要现实意义,能够为指导和改善农村生态环境、促进农村经济增长提供思路和方法。国内学者主要从农村人口压力、农村经济发展以及农村的生产和生活等诸多方面来研究其对农村生态环境演变驱动机制。林群慧(2001)在托达罗模型的框架下,研究人口增长对农村生态环境的影响,验证了人口压力的观点,认为人口的增长的确给农村环境带来了严重的影响。尽管一些学者认为农村人口压力过大是诱发并加剧农村生态环境问题的重要因素,(陆新元等,2006;王波、王光伟,2006),也有证据表明如此,但仍有学者对这种观点持反对意见,如杨东升(2006)采用我国西部地区的县级统计数据对人口压力假说进行检验,然而这一假设并未得到证实,人口增长对农村生态环境的演变驱动不明显。武国胜(2007)进一步将生态环境演变的社会经济因素细化并分解为人口因子、经济因子、城镇化因子、技术因子和政策及管理体制因素,这些因素在一些新近的研究中也有所体现(卿漪,2012;张秋,2011;薛钰、吴兆明,2010)。

冯永忠、杨改河等(2005)认为,农业生产活动才是对农村生态环境的演变影响最为深远的因素,他们描述了撂荒制、休闲制、轮作制、集约制等农作制度在区域农村生态环境演变中的作用机理,最终得到农作制度是农业生产干扰环境演变的主要因素。农户作为农村经济行为主体,一直以来也是研究者们关注的重点。农户对生态环境的影响是农村生态环境演变机制中的关键一环,农户是农村经济活动的主体和最基本的决策单位。王跃生(1999)指出,当前农村产权制度存在严重缺陷,正如“公地悲剧”一样,制度的缺失使得农户生产行为对资源利用和生态环境起到了负面作用,是造成中国农村生态环境问题日趋严重的原因。谭淑豪和谭仲春(2004)进一步分析了制度因素对农户行为的约束主要表现,他们认为制度会影响耕作方式及技术选择,加大了农业生态退化的概率。一些学者甚至对此做了经验研究,于文金等(2006)建立了多元回归模型,发现农户经济行为与生态环境压力的大小及类型密切相关,其中主要影响因素包括土地经营规模、土地利用类型、投资意向等,探讨了农户土地利用行为变化对土壤侵蚀的影响。除此之外,需要说明的是农户的职业选择对农户的生产和生活方式也有一定程度的影响,职业选择很大程度上造成农业化学品投入和农家肥投入的增减,从而间接影响农村环境质量(赫晓霞、栾胜基,2006;Shi,2007;Feng,2008)。

3.新农村建设中环境保护政策

农村生态环境政策对于农业生产、地区经济增长乃至整个国家的生态环境系统之间的协调发展具有十分重要的作用,需要慎重考虑。新农村建设的关键在于促进农村经济与农村生态环境协调发展,一些学者对这一问题进行了大量的研究。范剑勇、来明敏(1999)从工业废水管理角度出发,提出农村生态环境的管理需要通过农村工业生产力集聚、实行流域管理和改进排污收费的方式等方法加以改善。乌东峰(2005)分析了农村生态环境污染源和污染主体的特征之后,提出只有通过调动中国农村社区机制,调动群众的积极性参与环境保护,才是解决中国农村环境保护问题的根本。大多数学者认为空间规划是预防生态环境破坏的重要预防性措施(孟广文,2005;俞孔坚,2007)。陈柳钦、卢卉(2005)指出,农村生态环境管理关键在于将资源环境因素纳入农村城镇化的社会经济大系统、建立农业和农村自然资源核算制度,强化政府的环境管理,大力推广和发展生态农业。

有学者从区域环境管理体制角度对农村生态环境保护问题进行了研究。戴星翼(1998)将经济发展中的环境损失和自然资源纳入成本,形成全新的地方经济发展评价体系。张玉军等(2007)通过对政府间横向竞争和纵向关系探讨,提出应强化中央政府调控、积极转变政府职能、鼓励政府间建立协作机制及建立综合考核机制来加强生态环境保护。宋国君等(2008)从由谁来管、采取什么手段以及管到什么程度等方面提出了中国生态环境管理的框架。

有学者从经济发展方式和模式角度来解决农村环境问题,循环经济成为一种受推崇的模式。吴海燕(2009)提出转变农村经济发展方式,促进经济增长与资源环境相协调;发展农村循环经济,建设农村生态文明的发展思路。张雅光(2008)提出,保护农村生态环境,应控制农村人口的增长,提高人口素质;加强宣传教育,提高农民的生态环境意识;建立健全农村环境保护法律体系;倡导循环经济发展模式;调整农业产业结构;推行"自上而下"的筹资机制;尽快建立农业生态补偿机制;强化农村基层社区管理机制。

近年来,引入各种环境政策工具的分析逐渐增多。生态补偿机制作为一种切实可行的保护生态环境方法,越来越受到人们的关注。学者们在对生态补偿机制执行过程中的缺陷讨论的基础上,就应该建立怎样的补偿机制进行了广泛的探讨。环境税收政策作为生态环境保护的一种重要的管理手段被提出来,且一些研究者指出应该采取先易后难、先旧后新、先融后立的实施战略(陆文涛、赵玉杰,2011;凌鸿,2008;王金南、葛察忠,2006)。陆文涛和赵玉杰(2011)从生态补偿机制的基础理论出发,结合当前农村水环境现状和生态补偿机制在农村水环境中的应用情况,有针对性地提出了健全法制、资金多元化、协调补偿者与受益者利益、建立补偿标准等建议。申进忠(2011)从政策的角度分析了实施农业生态补偿的政策背景、农业生态补偿的政策取向,提出应当从解决我国农业和农村突出问题以及我国农业支持政策的转型两个层面来深刻理解和实施农业生态补偿的政策价值;农业生态补偿应定位于对农业的生态补偿,以激励农业生产方式的转变为目标,并对具体实施生态补偿中需要重点关注的几个方面提出建议。

(四)简要的评述

国内已经出现了大量的关于农村经济发展与环境问题的研究,研究内容已经深入农村环境问题的方方面面,具体涉及农村环境现状、特征、成因、解决思路、政策等诸多方面。尽管文献如此丰富,但是我们仍然可以看到不足之处,如农村发展与农村生态环境关系的研究更多地从孤立的角度对个别污染类型进行分析,缺乏系统性,更没有纳入农村发展的整体框架进行动态分析,对农村发展影响下生态环境的演变机理以及农村发展过程中生态环境特征、演变规律的研究不足,并且相关研究大多停留在定性描述阶段,定量分析也不够。因此,对于这一问题的研究还可以从如下方面更深入开展:一是应综合考虑农村生态环境问题驱动的因素,着力构建农村经济发展对农村生态环境变迁的影响机理分析;二是应将农村发展阶段、城乡关系格局、"二元经济"等与生态环境特征联系起来进行综合考察,得出农村发展与生态环境变化的总体趋势;三是应提升研究高度,将农村环境问题上升到区域和国家层面来分析农村生态环境问题,并将之纳入农村发展的框架下,加强农村发展与生态环境演变的关系研究。

第二章 农村经济发展与环境保护现状和协调机理分析

一、农村经济发展的政策演进与主要成就

(一) 农村经济发展的政策演进

从宏观层面来看,国家农村经济政策呈现出一定的阶段性特征,对农村经济发展起着关键性的作用。本研究以中共中央十六届五中全会提出新农村建设宏伟蓝图为标志,将近三十年来我国农村经济政策演进大体划分为两个阶段。

1. 快速推进农村经济发展阶段(1982—2004 年)

中共中央在 1982 年至 1986 年连续五年发布以农业、农村和农民为主题的中央"一号文件",对农村改革和农业发展做出具体部署。1982 年 1 月,中共中央发出第一个关于"三农"问题的"一号文件",明确指出包产到户、包干到户或大包干"都是社会主义生产责任制"。1983 年 1 月,第二个中央"一号文件"《当前农村经济政策的若干问题》正式颁布。从理论上说明了家庭联产承包责任制的历史意义和重要价值。1984 年 1 月,中共中央《关于一九八四年农村工作的通知》正式颁布,即第三个"一号文件"。文件强调要继续稳定和完善联产承包责任制,规定土地承包期一般应在 15 年以上。1985 年 1 月,国家发出《关于进一步活跃农村经济的十项政策》文件,即第四个"一号文件",取消了 30 年来农副产品统购派购的制度,对粮、棉等少数重要产品

采取国家计划合同收购的新政策。1986 年 1 月 1 日,中共中央、国务院下发了《关于一九八六年农村工作的部署》文件,即第五个"一号文件"。文件肯定了农村改革的方针政策是正确的,必须继续贯彻执行。

2003 年 12 月,《中共中央国务院关于促进农民增加收入若干政策的意见》发布。2004 年的中央"一号文件"以促进农民增收为主题,抓住了"三农"工作的核心问题,中央"一号文件"再次回归农业,出台了"两减免、三补贴"政策。通过实施"两减免"政策,农民减负增收 302 亿元,中央财政为此转移支付 219 亿元补助地方财政减收缺口。"三补贴"共补给农民 140 多亿元,2004 年中央财政用于"三农"的投入为 2626 亿元,比 2002 年增长 18.35%,农民人均增收比 2002 年增长了 6.8%。这一系列政策的逐年推出,有力地促进了农业、农村经济的快速发展。

2. 着力推进新农村建设阶段(2005 年至今)

2005 年,中共中央十六届五中全会把社会主义新农村建设作为现代化建设的重大历史任务提出,农业和农村工作要求全面落实科学发展观,坚持统筹城乡发展的方略,坚持"多予少取放活"的方针,稳定、完善和强化各项支农政策,切实加强农业综合生产能力建设,继续调整农业和农村经济结构,进一步深化农村改革,努力实现粮食稳定增产、农民持续增收,促进农村经济社会全面发展。2006 年中央"一号文件"明确提出了新农村建设的总体要求。社会主义新农村建设以来,国家不断加大对农村经济发展的扶持和投入力度,为农村经济发展创造了前所未有的机遇。为稳定农民种粮收益,中央财政又新增"三农"补贴资金 120 亿元,对种粮农民柴油、化肥等农业生产资料增支实施综合直补。2006 年,中央财政对"三农"补贴达到 3397 亿元,农民人均增收比 2005 年增长了 7.4%。2007 年,经国务院批准,中央财政大幅提高农资综合直补力度,新增补贴资金 156 亿元,补贴总额达到 276 亿元。中央财政用于"三农"的资金达 4317 亿元,比 2005 年增长 22.8%,增量和增幅也均高于 2006 年。为更好地减轻农民负担,实行"四取消"为主要内容的减免税费政策,包括取消屠宰税、牧业税、除烟叶以外的农业特产税和农业税。此外,还取消了农村"三提五统"、农村教育集资等收费,全面减轻农民负担。与农村税费改革前相比，农民减轻负担1250亿元，人均减负140元。为应对经济危机，扩大农村消费需求，开拓农村市场，国家于2007年开始进行家电下乡试点工程。

2008年，中央把保持农业农村经济平稳较快发展作为首要任务，围绕稳粮、增收、强基础、重民生，进一步强化惠农政策，增强科技支撑，加大投入力度，优化产业结构，推进改革创新，为经济社会又好又快发展继续提供有力保障。2008年中央财政用于"三农"的投入达5955亿元，比2007年增加1637亿元，增长37.9%，其中粮食直补、农资综合补贴、良种补贴、农机具购置补贴资金达1030亿元，比2007年增长一倍。三次较大幅度提高粮食最低收购价，提价幅度超过20%。2009年中央"一号文件"再次强调进一步增加农业农村投入、较大幅度增加农业补贴。明确"土地出让收入重点支持农业土地开发和农村基础设施建设""大幅增加对中西部地区农村公益性建设项目的投入"；明确"加大良种补贴力度和范围，提高补贴标准——由政府出钱，减少农民自己的投入"。2009国家对农民直补达1200亿元，直接增加农民收入。2009年国家财政对"三农"投入高达7161.4亿元。

2010年，中央"一号文件"继续加大国家对农业农村的投入力度，完善农业补贴制度和市场调控机制，提高农村金融服务质量和水平，大力开拓农村市场。针对经济发展和农民生产生活需要，适时出台刺激农村消费需求的新办法新措施。加大家电、汽车、摩托车等实施下乡的支持力度。突出抓好水利基础设施建设，其中投入"水电路气房"等民生工程495亿元，农业基础设施和服务体系建设等441.6亿元；继续提高粮食最低收购价；适时采取玉米、大豆、油菜籽等临时收储政策；改善农村金融服务；中央财政用于"三农"方面的支出预算达8183.4亿元，比2009年增长12.8%。2011年1月，发布的《中共中央国务院关于加快水利改革发展的决定》，是21世纪以来中央关注"三农"的第八个"一号文件"，也是新中国成立62年来中央文件首次对水利工作进行全面部署。2012年2月，国家发布《关于加快推进农业科技创新持续增强农产品供给保障能力的若干意见》，这是21世纪以来指导"三农"工作的第九个中央"一号文件"，突出强调农业科技创新，把推进农业科技创新作为当年"三农"工作的重点。

从 1982 年至今三十年来国家高度重视农村经济问题,农村经济政策的提出和落实,都以发展农业、增加农民收入、保护农民利益、改善农村经济为目标。2004 年至 2011 年连续八年发布的以"三农"(农业、农村、农民)为主题的中央"一号文件",不断强化了"三农"问题在中国社会主义现代化时期"重中之重"的地位。尤其是 2005 年以来社会主义新农村建设的全面推进,更有力地推动了农村经济的健康、快速发展。

(二)农村经济发展取得的主要成就

新农村建设以来,国家不断加大对农村经济的投入,农村经济总量不断提升,经济结构得到优化,农民收入实现持续较快增长,农民生活水平大幅度提高。

1. 城乡一体化加快,农村基础设施得到改善

在中央投入的大力支持下,农村基础设施建设得到进一步加强。中央安排大量投资,支持大型商品粮基地和优质粮食产业工程建设,有力地促进了粮食连年增产。2010 年,中央财政用于"三农"的资金达到了 8183 亿元,比 2009 年增加了 930 亿元,增长了 12.8%。加强"水、气、路、电"等农民生活基础设施建设。农业部统计,到 2010 底,我国户用沼气达到 4000 万户,占全国适宜农户的 33%,受益人口达 1.55 亿人,农村沼气年产量 130 多亿立方米,减少二氧化碳排放 5000 多万吨,生产有机沼肥近 4 亿吨,肥效相当于 470 多万吨硫酸铵、370 多万吨过磷酸钙、260 多万吨氯化钾,每年为农民增收节支 400 多亿元。"十一五"前三年,全国共新改建农村公路 118 万公里,完成投资 5484 亿元。截至 2008 年底,全国乡镇通沥青(水泥)路率达到 88.6%,东、中部地区建制村通沥青(水泥)路率达到 90.1% 和 79.8%,西部地区建制村通公路率达到 81.2%。农村交通条件不断改善,不仅方便了群众的生产生活,更带动了工业、农业、旅游业等产业的快速发展。迄今为止,农网改造工程已基本完成,农村供电质量普遍改善,用电价格明显降低。同时,国家还实施了广播电视村村通、乡镇综合文化站、农村电影放映和农民体育健身工程等项目,丰富广大农民群众的业余文化生活。农村与城市的

联系更加紧密,城乡一体化速度不断加快,为农村经济的发展奠定了良好的基础。

2. 农村经济总量不断提升

新农村建设以来,我国处在经济迅速发展时期,农村经济总量得到了大幅度的提升,同时第二、三产业在农村得到了迅速发展,成为农村的重要经济增长点。国内生产总值和第一产业增加值的数据见表 2 - 1。从总量来看,第一产业增加值从 2004 年的 21412.7 亿元增加到 2010 年的 40533.6 亿元,增长了 0.89 倍,其每年的增长速度稳定在 10% 以上。

表 2 - 1 国内生产总值与第一产业增加值情况

年份	国内生产总值 (亿元)	国内生产总值长速度 (可比价,上年=100)	第一产业增加值 (亿元)	第一产业增长速度 (可比价,上年=100)
2004	159878.3	17.7	21412.7	13.4
2005	183217.5	14.6	22420.0	12.2
2006	211923.5	15.7	24040.0	11.3
2007	257305.6	21.4	28627.0	11.1
2008	314045.4	22.1	33702.0	10.7
2009	340902.8	8.6	35226.0	10.5
2010	397983.3	16.7	40533.6	10.2

资料来源:摘编自《中国农村统计年鉴2011》。

从居民人均可支配收入情况来看,农村居民家庭人均可支配收入从 2004 年的 2936.4 元增长到 2010 年的 5919.0 元,增长了 1.02 倍,城镇居民家庭人均可支配收入从 2004 年的 9421.6 元增长到 2010 年的 19109.4 元,增长了 1.03 倍,城乡增长速度与幅度大体持平。具体情况详见表 2 - 2。

表 2 - 2 中国农村、城镇居民家庭人均可支配收入统计

年份	农村居民家庭人均可 支配收入(元)	指数 (1978=100)	城镇居民家庭人均 可支配收入(元)	指数 (1978=100)
2004	2936.4	588.0	9421.6	554.2
2005	3254.9	624.5	10493.0	607.4
2006	3587.0	670.7	11759.5	670.7
2007	4140.4	734.4	13785.8	752.3

续表

年份	农村居民家庭人均可支配收入(元)	指数(1978=100)	城镇居民家庭人均可支配收入(元)	指数(1978=100)
2008	4760.6	793.2	15780.8	815.7
2009	5153.2	860.6	17174.7	895.4
2010	5919.0	954.4	19109.4	965.2

注:指数按可比价格计算。

资料来源:摘编自《中国农村统计年鉴2011》。

3. 农村投资结构明显优化

固定资产投资是经济结构调整的重要风向标。农村固定资产投资总量由 2004 年的 11449.3 亿元增加到 2010 年的 36691 亿元,增长了 2.2 倍。农村中农户固定资产投资额由 2004 年的 3362.7 亿元上升到 2010 年的 7886 亿元,占农村固定资产投资总量比例由 2004 年的 29% 下降到 2010 年的 21.4%。农村中非农户固定资产投资额由 2004 年的 8086.6 亿元上升到 2010 年的 28805 亿元,占农村固定资产投资总量比例由 2004 年的 71% 增加到 2010 年的 78.6%。可见农村经济建设投资在总量大幅度增长的前提下,来自于政府、企业等非农户固定资产投资额比重大幅度增加,为农村经济的发展和经济结构的优化提供了有力保障。具体情况详见表 2-3。

表 2-3   全社会固定资产投资及农村固定资产投资情况   单位:亿元

年份	全社会固定资产投资总额	农村固定资产投资额	农村中农户固定资产投资额	农村中非农户固定资产投资额
2004	70477.4	11449.3	3362.7	8086.6
2005	88773.6	13678.5	3940.6	9737.9
2006	109998.2	16629.5	4436.2	12193.3
2007	137323.9	19859.5	5123.3	14736.2
2008	172828.4	24090.1	5951.8	18138.3
2009	224598.8	30678.4	7434.5	23243.9
2010	278121.9	36691	7886	28805

资料来源:摘编自《中国农村统计年鉴2011》。

4. 农村居民消费水平显著提高

提高农民生活水平是农村经济发展的根本目的。农村居民消费水平是反映农民生活水平的关键指标。农村居民消费水平由 2004 年的人均 2319 元增加到 2010 年的 4455 元,增长了 0.92 倍。与城镇居民消费水平的比值由 2004 年的 3.84 倍下降到 2010 年的 3.57 倍。农村居民消费水平的提升主要是农村居民家庭人均可支配收入的增加拉动。农村居民家庭人均可支配收入由 2004 年的 2936.4 元上升到 2010 年的 5919.01 元。具体情况详见表 2 - 4。

表 2 - 4   城镇居民消费水平、农村居民消费水平

年份	城镇居民消费水平(现价:元)	农村居民消费水平(现价:元)	农村居民家庭人均可支配收入(元)	农村居民消费价格指数(上年 = 100)
2004	8912	2319	2936.4	104.8
2005	9644	2579	3254.93	102.2
2006	10682	2868	3587	101.5
2007	12211	3293	4140.4	105.4
2008	13845	3795	4760.62	106.5
2009	15025	4021	5153.17	99.7
2010	15907	4455	5919.01	103.6

资料来源:摘编自《中国农村统计年鉴 2011》。

5. 完善各项补贴政策,农民收入稳步提高

为了大力推进农村经济发展,国家实施了多项补贴政策,包括对种粮农民直接补贴、良种补贴、农机具购置补贴和农业生产资料综合补贴、家电补贴,这些政策为促进农业生产、增加农民收入起到了很好的促进作用。2002 年,国家安排专项资金实施东北高油大豆良种补贴,目前补贴品种已经扩大到优质专用小麦、水稻、玉米、高油大豆和棉花五大农作物。2009 年,补贴面积扩大到 16 亿亩,补贴资金规模由 1 亿元提高到 198.5 亿元。由于良种补贴政策的推动,我国主要粮食作物单产水平和优质率不断提高。为降低农民种粮支出,保护农民种粮收益,从 2006 年起,国家实施了农资综合直补政策,2008 年农资综合补贴资金达到 482 亿元,比 2007 年增长 75%,加上从粮

食风险基金中列支的 151 亿元粮食直补资金,2008 年对种粮农民的两项直接补贴资金规模达到 633 亿元。2009 年农资综合补贴达 756 亿元。2009 年,大范围实行家电下乡的补贴。2010 年,国家进一步加大了家电下乡实施力度。有力地拉动了农村消费需求,提高了农民生活质量,促进了农村生产和流通服务体系建设,推动了社会主义新农村建设。

二、农村环境保护的政策演进与主要成就

(一)农村环境保护的政策演进

1. 农村环境保护政策快速发展时期(1989—2004 年)

1989 年,《中华人民共和国环境保护法》的颁布标志着我国步入了环境保护法制化轨道。1992 年 6 月,中共中央、国务院批准了《中国环境与发展十大对策》,提出走可持续发展道路是中国当代及未来的选择。1994 年国家制定并通过了《中国 21 世纪议程——中国 21 世纪人口、环境与发展白皮书》,我国农村环境保护进入新的发展时期。

农村污染防治方面。1990 年 7 月,全国自然保护会议明确提出"控制乡镇环境污染,保护农村生态环境"。1994 年制定的《全国自然保护工作纲要(1994—1998 年)》,进一步提出了加大生态环境建设的力度,组织编制了全国生态县建设规划,开展生态县建设试点工作,继续开展农村环境综合整治示范区的建设。1996 年 8 月,国务院做出《国务院关于环境保护若干问题的决定》,要求"大幅度提高乡镇企业处理污染的能力,根本扭转乡镇企业对环境污染和生态破坏加剧的状况,并责成有关部门抓紧制定有关加强乡镇企业环境保护工作的具体规定"。1999 年,国家环境保护总局印发了《国家环保总局关于加强农村生态环境保护工作的若干意见》,这是我国第一个直接针对农村环境保护的政策规章。意见要求"认真执行环境影响评价制度和'三同时'制度,加强重点流域和区域污染物排放总量面源污染和生态破坏的控制"。2001 年 12 月,国家环保总局制定的《国家环境保护"十五"计划》

更明确提出"把控制农业面源污染、农村生活污染和改善农村环境质量作为农村环境保护的重要任务"。

在城镇、农村环境综合整治方面。1993年6月,国务院颁布了《村庄和集镇规划建设管理条例》,要求建立村庄、集镇总体规划,"保护和改善生态环境,防治污染和其他公害,加强绿化和村容镇貌、环境卫生建设","维护村容镇貌和环境卫生,妥善处理粪堆、垃圾堆、柴草堆,养护树木花草,美化环境"。1999年的《国家环境保护总局关于加强农村生态环境保护工作的若干意见》,要求继续开展村镇环境规划,规定"凡1999年以后新建的县城、乡镇和新村,必须编制环境规划,并与城、镇建设同时实施;对已有的县城、乡镇和村庄,应在2002年底前完成环境规划,结合城镇改造加以实施","推进小城镇和村镇庄环境整治,开展以基础设施建设、饮用水及其水源地保护、农村能源建设、生活污水及垃圾处理、农业有机废物处置、村容镇貌建设等为主要内容的'环境优美城镇(村镇)'或'环境保护先进城镇(村镇)'的创建工作"。

1989年至2004年是我国农村环境保护政策的快速发展阶段。这一时期我国农村环境保护政策具有以下特征:首先,农村环境保护政策逐渐向适应社会主义市场经济体制转变。即我国农村环境保护政策从原有的计划经济体制模式向利用市场机制保护和建设生态环境模式转变。其次,政策制定上,坚持可持续发展,注重经济与环境协调发展,并逐步确立可持续发展的战略地位,要求坚持可持续发展理念,促进农村环境、经济、社会协调发展,避免以环境恶化换取经济发展。

2. 农村环境保护政策稳步发展时期(2005年至今)

2005年党的十六届五中全会首次提出建设"生产发展、生活宽裕、乡风文明、村容整洁、管理民主"的社会主义新农村的构想。社会主义新农村建设的全面启动为农村各项社会事业的发展提供了明确指导与切实保障。农村环境保护作为农村公共事业的重要组成部分,首次被纳入公共财政范畴中。2006年10月国家环保总局发布的《国家农村小康环保行动计划》提出农村环保资金"以中央财政投入为主,地方配套,村民自愿,鼓励社会各方参与",农村环保项目采取"县负责、镇(乡)组织、村实行"的运行机制。2007年,国务院办公厅转发了《关于加强农村环境保护工作的意见》,意见再次提出"逐步建立政府、企业、社会多元化投入机制",要求"地方各级政府应在本级预算中安排一定资金用于农村环境保护","制定乡镇和村庄两级投入制度,引导和鼓励社会资金参与农村环境保护"。2007年8月,国家环保总局印发了《关于开展生态补偿试点工作的指导意见》,明确提出按照"谁开发、谁保护,谁破坏、谁恢复,谁受益、谁补偿,谁污染、谁付费"的原则,明确生态补偿责任,在自然保护区、重要生态功能区、矿产资源开发和流域水环境保护等重点领域开展生态补偿试点工作。这项政策不仅是对现行农村环境保护投入体制不足的有益补充,还调整了生态环境保护和建设相关各方的利益关系,有利于推进资源的可持续利用,加快环境友好型社会建设,实现不同地区、不同利益群体的和谐发展。

2008年7月,国务院召开了新中国成立以来的首次全国农村环境保护工作会议,要求切实把农村环保放到更加重要的战略位置,提出了"以奖促治、以奖代补"等重要政策措施。2009年2月,国务院办公厅转发了环境保护部、财政部、发展改革委《关于实行"以奖促治"加快解决突出的农村环境问题的实施方案》,对实施"以奖促治"政策做出了总体部署,提出了明确要求。2009年中央财政投入农村环保专项资金10亿元,支持1460多个村镇开展环境综合整治和生态建设示范,900多万群众直接受益。解决了一批群众反映强烈的突出环境问题,许多村庄村容村貌明显改善。

2005年以来,在全面推进社会主义新农村建设的背景下,我国农村环境保护政策呈现出以下特征:首先,政策制定适应了农村环境形势的需要;其次,注重社会公众的参与,鼓励农村环保主体多元化,逐步建立起政府、企业、社会多元化投入机制,实现环境效益和经济效益双赢。

(二)农村环境保护取得的主要成就

与其他发展中国家相比,我国较早地意识到了农村环境保护问题。经过长期不懈努力,环境保护工作取得较大进展。

1. 农村自然环境保护的可持续能力不断增强

政府不断加强对农村自然环境保护的重视程度,通过植树种草、绿化荒山荒地、建设防护林体系等有力举措,提升农村自然环境保护的可持续能力。从 1978 年开始,政府先后对三北防护林体系、长江中上游防护林体系、沿海防护林体系、平原农田防护林体系进行建设,累计造林 2660 多公顷,提高了这些地区的森林覆盖率,初步控制了 100 多个县的水土流失。经过持续 20 年的植树造林,全国森林覆盖率由 12% 提高到 14%,活立木蓄积量由 107 亿立方米提高到 109 亿立方米。在世界森林面积、蓄积仍在下降的情形下,我国出现了森林面积、蓄积双增长的局面。治理荒漠和水土流失。1999 年,防治沙漠化工程启动,10% 以上的荒漠化土地得到治理。至今,我国已治理水土流失面积 53 万平方公里,水土保持设施的年保水能力为 180 亿立方米,年减少土壤侵蚀量 1 亿多吨,我国部分农村地区的此项治理工作已经进入上规模、出效益的阶段。建立自然保护区。全国累计建立各类自然保护区划 1227 处,自然保护区面积达到 9821 万公顷,占陆地国土面积的份额上升到 8% 以上,超过了世界平均水平,在一定程度上恢复和保存了生物的多样性。

2. 农村环境保护法律体系基本形成

迄今为止,我国共颁布了 6 部环境保护法律,90 余项环境保护规章。"九五"期间,国务院批准了《全国生态环境建设规划》和《全国生态环境保护纲要》,修订了《水污染防治法》,并制定了《噪声污染环境防治法》、《水污染防治法实施细则》以及一系列适合农村特点的地方性环保法规,如《畜禽养殖污染防治管理办法》、《有机认证管理办法》(国家环保总局令第 10 号)。除了这些专门法律法规以外,修改后的刑法还增加了"破坏环境资源保护罪"专节,增加了"破坏环境资源保护渎职罪"的规定,农村环境保护法体系基本形成。

环境执法的能力不断加强。2000 年 4 月 29 日在第九届全国人民代表大会常务委员会第十五次会议上通过了《中华人民共和国大气污染防治法》的修正案,突破了以往环境保护行政主管部门在处理污染事故上,未经同级人民政府批准,无现场强制权的做法。对建筑施工工地的扬尘污染明确地赋予了环保行政执法部门可立即采取强制措施的权力,这无疑是我国环境执法的重大进展和突破。环保监督的力度在不断加大。地方人大和政协对地方政府环境执法进行监督检查和视察,国家环保总局和监察部每年都对各地贯彻国务院《关于环境保护若干问题的决定》情况进行监察和检查。在全国农村开展了关停"十五小""一控双达标"等执法行动,司法机关依照《刑法》打击环境犯罪活动,推动了环保工作法治化进程。

3. 农村环境保护的投入不断增加

近年来,我国农村环保业的投入增长很快。据统计,"九五"期间全国农村环境保护累计投资额1470多亿元(含外资36.4亿),达到农业国民收入的1.8%,"八五"期间仅为0.69%。"九五"后三年,中央财政增发国债资金,增加环保投入,使农村环境保护基础设施建设得到进一步加强,环保产业得到进一步发展。全国农村共有环保企业4400多家,分别从事环保产品生产、环保技术服务、三废综合利用、自然生态保护和低公害产品生产等项目,从业人员160多万人。这对于改善环境质量、拉动内需和促进经济增长起了积极作用。

同时,各级地方政府采取多种措施,广开资金渠道,多方筹集资金建立环境保护基金。国家级生态功能区、国家级自然保护区等生态保护项目,主要由国家给予资金扶持;农村基础环保设施,生态保护能力建设等,以各级政府投入为主。资金主要来源于征收的污水处理费、垃圾处理费等;对于工业污染治理项目投资,主要由乡镇企业负责。除此以外,各地政府还积极利用"谁投资谁受益"的市场机制,动员和吸收社会资金,进行市场融资。同时加强与有关部门协调与合作,使信贷机构向环境保护倾斜。鼓励商业银行和政策性银行在确保信贷安全的前提下,积极支持农村污染治理和生态保护项目,尤其是已列入国家和省重点建设的保护项目。

4. 农村环保科技应用日益广泛

政府加大科技对农村环境保护的扶持力度,研究和生产出有机复合肥和其他无公害肥料及生物农药,推广应用秸秆的深加工技术,使其转化为饲料、燃料、肥料和工业原料。依靠科技进步,发展现代化的环保技术,实施农业环保工程,保护农村生态环境。环保产业的发展也为我国的污染防治、综合利用提供了大量的技术和装备。为防治环境污染所提供的新工艺、新技术、新产品不断推出和涌现。在污水处理方面，能全部完成处理工艺设备和配套设备的生产，污水回用技术与国际上的差距也在缩小，工业污水处理方面也有独到之处，有些技术设备已打入国际市场。噪声与振动控制技术中，有些超过国外先进水平，比如微孔消声技术已领先国际水平。

5. 农村控制环境污染能力显著增强

结合国家经济结构调整，取缔关停了8.4万多家污染严重又没有治理前景的"十五小"企业。对高硫煤实行限产，有效地削减了污染物排放总量。注意废物的回收、处理和再利用，遵循"就近"原则，就地资源化；进行农村生态示范区建设试点，等等。通过采取一系列有力的措施，农村的环境污染治理取得明显成效。环境保护工作已经从单项被动治理转变为综合治理。

6. 环保理念逐步渗透到各个领域

环境宣传教育日益深入。环境保护教育已纳入九年制义务教育，全国有140所高校、上百所中等专业学校及职业高中开设了环保专业；各级党校和行政学院开设了环保教学内容；结合环境保护法，开展了环境法制教育；举办"保护生态环境，倡导文明新风"等大型宣传活动，环境宣传日益贴近群众；配合环保重点，新闻媒体采访报道，树立先进典型，揭露违法行为，在一定程度上优化了农村公众的环保认知结构。另外，随着可持续发展理念的贯彻，农村社会的生产和生活方式发生了显著变化。生态安全开始成为农村各项工作中必须考虑的因素。在生产方式方面，农村许多地区争先兴办生态农业的试点，发展绿色农业。提倡乡镇企业进行清洁生产、减少废物排放、节省能源资源，将环境保护由过去的末端治理变成生产过程中的治理，在一定程度上预防和减少了环境的污染和资源的浪费。在生活方式上，提倡绿色食品、环保节能型的家用电器和设备、无公害的生活环境等。这些绿色消费方式的推行，标志着农村公众的环保意识大有提高。

通过一系列坚持不懈的努力，我国农村环境质量与经济发展在一定程度上实现了双赢。但同时也要看到，我国农村环境保护形势依然十分严峻，环境保护事业任重而道远。

三、农村经济发展与环境保护和谐演进存在的突出问题

虽然我国农村经济和环境保护取得了举世瞩目的成就,但其存在的问题不容忽视。有不少学者对存在的问题进行了总结。本部分在有关研究成果的基础上对我国农村经济发展与环境保护和谐演进中存在的问题进行分析。

(一)经济增长以高消耗基础资源为代价

耕地锐减。耕地质量和数量是环境优劣的一个重要指标,保护耕地也是保护环境。我国农村耕地利用的面积与质量问题不仅影响着农民的增收,更关系着我国农村经济的长远发展。我国宜耕耕地后备资源匮乏,可开垦成耕地的不足 7000 万亩,尽管实行最严格的耕地保护制度,但受农业结构调整、生态退耕、自然灾害损毁、非农建设占用等因素影响,耕地数量仍逐年减少。目前,人均耕地面积仅为 1.38 亩,约为世界平均水平的 40%。耕地质量总体偏差,中、低产田约占 67%,且水土流失、土地沙化、土壤退化、“三废”污染等问题严重。由此可以看出,国家虽然采取多种措施确保守住“红线”,但一方面由于城市化、工业化的进展导致大量优质耕地被占用,另一方面,由于对耕地质量的重视程度不高,对耕地的管理方式与技术措施不合理,导致耕地土壤基础地力下降,可耕用土地面积减少。

用水紧缺。近年来随着气候变暖,我国地区雨水分布不均现象越来越严重。农业灌溉用水仍然无法摆脱“靠天吃饭”的困境,农田耕作仍以大水灌溉方式为主,水的重复利用率不高,有效灌溉面积不足,灌溉用水的人为污染与浪费严重,导致我国农田灌溉缺水现象较重,严重影响到了农业的生产与农民的增收。

(二)经济增长伴随着环境恶化

生产污水的超标排放。改革开放以来,农村企业成为拉动农村经济增长的重要力量,在推动农村经济发展、促进农民增收、拓宽农民的就业渠道

以及建设和谐新农村等方面发挥了十分重要的作用。但不得不承认,我国大多数地区的乡镇企业档次低、规模小、技术设备不先进,再加之一些地方官员好大喜功,不切实际地相互攀比追求"政绩效应",导致一些污染严重的小企业发展迅速,这是造成我国农村环境污染的主要原因。我国乡镇企业废水和固体废物等主要污染物排放量占工业污染物排放总量的50%以上;而且乡镇企业布局不合理,污染物处理率也显著低于工业污染物平均处理率。

生活垃圾及污水的乱排放。农村生活过程中产生的污物随意、无序、分散的排放加重了环境污染,每年产生的约为1.2亿吨的农村生活垃圾几乎全部露天堆放;每年产生的超过2500万吨的农村生活污水几乎全部直排,再加上目前农村的基础条件有限,少有对生活垃圾及污水的收集与处理设施,大量的生活垃圾及污水不仅污染了农村的居住环境,而且导致饮用水源受到威胁,直接危害到农民的身体健康,农村的生活环境和生态环境令人担忧。

农村土地资源破坏严重。已有一亿多亩农田遭受不同程度的农用化学品的污染,发生盐渍化的耕地超过800万公顷。乡镇企业"三废"对农村环境的污染正在由局部向整体蔓延。由于废弃物堆存而被占用和毁坏的农田面积达200万亩以上,全国利用污水灌溉面积仅占总灌溉面积的7.3%。

湖泊有富营养化的趋向。在造成水体富营养化的因素中,生活污水的影响最大,工业废水次之,肥料是第三个影响因素。许多经过村庄的河流即使存在,也不生长生物,成为"死水"。有关研究表明,当这些污染物进入量超过环境本身的自净能力时,必然导致农村生态环境质量下降,生态系统为农业所提供的资源供给、废物处理、空间支持、水源涵养、土壤熟化、气候调节和干扰缓冲等功能也随之减弱,最终使农、林、牧、副、渔的产品数量下降,质量变差,直接影响人的身心健康和生活舒适度以及农村社会经济的发展。

(三)农村经济效率依然低下

土地利用低效率。随着经济的发展和农村劳动力外出务工人数增多,我国目前从事农业产业人员的数量减少。全国总工会的一份调查表明,截至 2008 年底,仅跨地区流动的农民工就有 1 亿多人,已有超过三分之一的农村劳动力转移到非农产业。与之相应,我国部分农村地区从事农田劳作的大多为老弱妇孺。出现了土地低效率耕作,甚至是荒地现象。此外,受传统耕作的生产方式影响,土地大规模集中生产程度较低,低效率的土地经营十分普遍。

农村金融运转低效率。我国农村金融对经济增长的作用低于全国平均水平,农村金融市场的效率低于全国金融市场的效率水平。农村信用社、农业发展银行以及农业银行由于产权制度不完善,在资金运作方面存在许多漏洞与风险,造成农村金融资源以大量不良贷款形式被低效率配置,"高风险,低收益"的反常现象在我国农村金融市场十分普遍。此外,我国大部分农村地区,仍然以小农经济为主,小规模的生产、小额的金融需求与分散的经营特征导致金融服务成本居高不下。受自然条件等因素影响,农业生产周期较长,投资的回收期也较长,投资产出可预期性比较低。

(四)农村经济可持续发展面临巨大挑战

实践证明,发展循环经济是实现农村经济可持续发展的一项重要举措。目前我国农村发展循环经济面临三大问题:一是科技支撑体系不健全。科学技术在农村的推广效率不高,没有相应的体系支撑与人员配合。二是农业组织化程度不高。我国农业生产规模小且分散,与循环经济的发展要求不相适应。三是资金设备投入不足,无法满足发展循环经济的最低要求。我国农村经济发展大都在非循环经济发展状态下进行的。由于缺乏可持续发展的思想和理念,农村经济发展加大了对环境资源的掠夺:森林砍伐,致使水土严重流失;盲目地建化工厂,任意让污水破坏土壤,污染河流,导致鱼类大量死亡;肆意地开采矿产资源,破坏环境,致使地下水位下降,等等。对资源环境的过度消耗破坏了自然界的生态循环系统,严重影响了我国农村经济的可持续发展。

自然灾害频频出现。在山区,大雨、暴雨、山洪夹带泥沙侵入农田,吞噬了大量耕地,使土壤物理性质退化,养分含量降低,从而大大降低其生产力,有的甚至为泥土掩埋而成荒地;洪涝的同时,有些地区却持续干旱造成减产甚至绝产。90年代中期以来，我国北方地区，沙尘暴频繁发生，危害程度不断加剧；酸雨、病虫灾害继续威胁着森林资源；草原被风蚀、沙化；另外还有蝗虫灾、不明原因的植株萎缩等。环境事故时有发生，泥石流、山崩、地震、滑坡等，导致大量生态难民出现。

生态质量继续变差，功能持续降低。最近50年，由于修建灌溉系统、水库、道路、住房和工厂等原因，耕地资源被大量侵占，面积在减少。我国人均耕地资源极为稀缺，且40%的耕地土质较差，全国有393万平方公顷的农田、493万平方公顷的草场受到沙漠化的威胁。目前，我国水土流失总面积为179万平方公里，占国土总面积的18%。水资源萎缩、水域生态遭到破坏，雨量减少，蒸发量增加，河流断流，甚至出现干涸或季节性干涸。森林人为破坏严重，植树造林成活率低。草场退化、沙化和碱化的面积已达1亿多公顷，而且每年还在以200万公顷的速度扩大。草地植被破坏，超载放牧，退化程度每年约为5%，而人工草地和改良草地建设速度每年约为3%。生物多样性受到破坏，许多物种濒于灭绝，野生动植物丰富区面积不断减少，栖息地环境受到干扰，猎杀现象屡禁不止，野生动植物数量和种类骤减，生物安全面临威胁。一些地区由于严重超采，地下已经形成大面积漏斗区。

（五）影响经济与环境和谐发展的不稳定因素依然存在

物质文明与精神文明建设脱节。改革开放以来，随着惠农、富农政策的实行，农村经济的总体发展使农民的物质生活条件得到了较大的改善，农村的居住环境不断优化，全国农村大部分地区在饮水、用电、交通及卫生等方面都实现了较快的发展。但是，由于农村的文化事业起步较晚，重视不足，目前我国农村的精神生活不容乐观，农民的文化生活单调，文化素养不高，赌博现象严重，再加上农民的观念落后，迷信活动仍很猖獗。在安定富足的生活背后，物质文明与精神文明建设严重脱节，严重影响到和谐新农村的建设。

失地农民的增多和权益难以保障。在我国城市化进程中，农业土地转为非农用地不可避免，但目前存在农业土地转变为非农业土地的速度太快，土地征占的规模较大,失地农民群体数量增多,国家对失地农民的保障还不很到位等诸多问题,农村社会不安定、不和谐因素增加。

四、农村经济发展与环境保护协调机理分析

我国农村是一个包括经济系统和资源环境系统在内的复杂系统,对农村经济发展与环境保护协调机理进行分析需要运用可持续发展理论、生态经济理论、资源环境科学、系统科学理论等多个学科的相关理论。

从系统经济学的观点来看,我国农村中经济与环境保护作为一个综合系统,各子系统间会出现相互矛盾和制约的现象,这就需要协调。协调的目的是把矛盾和冲突变为和谐与统一,使无序状态变为有序状态,提高系统的整体功能和整体效应。

(一)农村经济发展与环境保护协调机理分析

经济发展与环境保护协调机理是资源、环境、经济三个子系统相互作用的机理,表现为相互促进和对立的依存关系。见图 2 - 1。

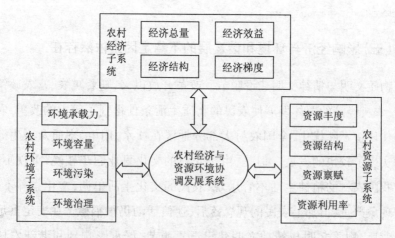

图 2 - 1 农村资源、环境与经济三个子系统相互关系

农村资源是农村生存和发展的物质基础,农村经济发展离不开农村资源的供给支持。随着农业技术进步和农村经济的发展,人们利用农村资源

的能力必然提高,农村资源的内涵和外延必然扩大,农村资源的承载能力也不断增加。同时人们对农村资源消耗的补偿能力也不断增加,从而使农村资源系统得到有效的培育,最终实现农村经济与农村资源的协调发展和良性循环。农村经济的发展必须考虑资源的承载能力,考虑农村资源环境与农村经济的依存关系,合理、高效、优化利用不可再生资源,永续利用可再生资源。农村环境是各种生物生存和发展的空间,是农村资源的载体,为农村经济发展提供运行基础,农村环境质量的好坏,直接影响农村自然资源的存量水平和质量变化,影响农村经济发展运行的速度和成本。环境容量的扩大既取决于环境保护投入和技术进步,也取决于经济过程中污染废弃物的有效控制,环境与经济协调发展的关键是建立经济环境补偿机制,建立与环境系统相适应的产业结构、技术结构和人类的生活消费结构。经济系统以其物质再生产功能为资源、环境系统提供物质、资金和技术支持。因此,在推动农村经济发展的过程中,不仅要注重农村经济的增长,也要注重农村经济结构的优化,注重协调好资源环境与经济发展的关系,不断增强全民的经济与资源环境协调意识,以保证农村经济、资源、环境的和谐发展。

(二)农村经济发展与环境保护协调机理的特征

1. 层次性与整体性

农村经济发展与环境保护系统作为一个反映人与自然、人与人之间关系的复杂、综合、动态大系统,包含了资源、环境、经济子系统,每个子系统又有不同级别和层次的亚系统,如资源系统仅与农业有关的就有水、土、气、光等,水资源又可分为地上水、地下水、自然降水等。整个系统的协调发展有别于各级子系统的协调发展,但又离不开各级子系统的协调发展,因此,要实现整个系统的协调发展,不仅要注意系统各层次的协调,还要注意系统的整体性协调。具体来讲,在宏观层次上对其整体协调,在微观层次上要对各个系统及其内部进行协调。

2. 关联复杂性

农村中经济与环境保护协调发展包含有多级子系统,彼此之间存在着相互依赖、相互作用的关系,这些关系不仅多样(单向与多向联系,稳定与不稳定联系),而且是非线性的。这是系统变化和稳定(相对稳定)的根本原因,正是各个子系统的复杂关联才促进了整个系统的持久有序稳定和协调发展。

3. 约束性

农村经济发展必然对资源环境系统造成一定的影响,但是持久的发展要求保护和合理开发利用资源,保持或者改善现有的环境质量。农村经济发展不能超出农村资源的承载能力和环境的可允许容量,资源枯竭和环境污染加重都是经济发展超过环境容量和资源承载力的结果。农村经济与资源环境协调发展是一种充分考虑资源约束和环境约束的发展,经济发展不仅要受到经济自身运行规律和积累水平的自我约束,也要受到资源系统、环境系统的外部约束。因此,人们在推动经济发展的过程中,一方面要利用先进的技术手段打破这种约束,同时也不能忽视这种约束,要注意资源承载力和环境容量问题,并且有意识地给予改善和提高。

4. 开放性

农村经济与环境保护协调发展是一个高度开放的系统,它像一个有机体的新陈代谢一样,与外界环境不断交换资源、资金、技术、能量、信息。如果这种交换停止,换言之,系统处于一种封闭状态,则系统的生产力就会下降,运行就会失调。所以,我们必须正视系统的开放性,注意系统内部子系统之间的交换以及系统与外部的交换。但是系统的开放度又必须是合理的、适度的。如果开放过度,就会破坏或减弱系统的功能。

5. 动态性

农村经济与环境保护协调发展是一个动态演化的系统,这种演化一般是一个由低级到高级的过程,是一个由量的积累到质的飞跃的过程。当系统达到某种协调状态后,会随着条件的变化产生某种质变,从而打破平衡,随后在系统的组合作用和协同作用下,系统又达到新的协调状态,这样就产生了一种不稳定的波动状态。系统不稳定和波动,既容易打破旧的平衡,也容易建立新的平衡,也正是有了这种波动和动态的演化,才推动了系统一步一步向更高层次、更高水平发展。

在新农村建设中,经济系统、环境系统具有独立的功能特征,而且其作用方式和作用程度也各不相同,但各系统对于复合系统功能的实现都是不可缺少的。农村经济发展与环境保护协调机理的总体功能特征需要通过子系统功能的耦合才能实现。这些功能主要包括生产功能、经济功能、生活功能、教育功能、生态功能和旅游功能等。

第三章 新农村建设、农村经济发展与环境污染相互影响分析

我国新农村建设是农村经济发展与生态环境保护并重,工业反哺农业、城乡统筹发展,改进农业产业、改善农民生活、提高人口素质、优化农村相关制度的良好生态型新农村建设。新农村建设中经济与环境保护协调发展是新农村建设的主要内容和主要任务,是新农村建设的"新"之所在。

环境问题实质上就是发展问题,即发展不足或发展不当的问题(王子彦,1998)。就农村生态环境问题而言,发展不足就是指农村经济发展落后和粗放型生产的问题。资源消耗型消费和城市污染的转嫁,均会导致农村经济发展与生态环境保护的矛盾,因此新农村的经济发展不仅包括经济增长指标,还应包括资源保护、环境质量等生态指标。

从人口、经济发展和资源消耗等多变量、多目标的角度进行分析,污染物的发生量是人口、经济发展、资源消耗等多变量的复杂函数,污染物的数量是资源利用数量和利用效率的综合体现,这也决定了新农村建设中经济发展与环境污染问题的研究是一个多层次的系统工程。从系统工程角度来说,经济的不断增长,对生态系统的需求是无限的;而一个生态系统则要求相对稳定,内部良性循环。因此,需求的无限性和生态系统资源供给的相对稳定性是一个矛盾的统一体。经济与环境之间矛盾的客观性及其系统结构的复杂性决定了对其相互影响进行研究的方法特殊性。

从分析方法上看,目前关于新农村建设中的经济发展与环境污染的关系,及其相互影响、相互作用的分析,主要停留在定性讨论的阶段,缺少数据的检验和实证,由于新农村建设中的经济发展与环境污染问题是一个多层次的系统问题,是一个综合协同发展的问题,因此从这个方面而言,定性分

析存在一定的局限性,经济与生态环境的协调发展是指使经济和生态环境两个子系统之间及内部各要素间,按一定数量和结构组成有机整体。协调目的不仅使经济可以在数量水平上同时也在质量水平上发展,而且可以把经济对环境的负面影响控制在环境的承载能力之内。因此采用定量方法,研究两者之间的均衡关系,揭示其协同发展中的相互影响、相互作用显得更加迫切。结构方程模型是一种验证性的分析方法,可以通过构建外生、内生变量来探讨不易观察到的潜在关系。本章将尝试运用结构方程模型,以农业大省湖南为例,把新农村建设、经济发展与环境污染纳入同一个分析框架,揭示新农村建设中经济发展与环境污染的内在关系,分析得出其在协同发展中相互影响、相互作用的相关程度。

一、研究思路与方法

结构方程模型是一种较为流行的可同时考虑并处理多变量的一种高级统计方法,该方法是一种验证性多元统计技术,可用于验证一个或多个自变量与一个或多个因变量之间的相互关系。其主要功能是对一些解释可观察变量与潜在变量关系的理论模型做出评价,不但能研究可观测变量,还可研究不能直接观测的潜在变量,既可研究变量间的直接作用,又可研究变量间的间接作用。目前,较少应用于宏观经济变量与社会领域问题潜在关系的评价。本章试图运用结构方程模型构建出新农村建设、经济发展和环境污染的路径模式识别。

第一步,建立新农村建设、经济发展及环境污染三个方面的指标体系,利用数据降维进行综合评价;

第二步,分别提取新农村建设、经济发展、环境污染三个指标体系的公共因子(主成分),并计算因子(成分)综合得分,把重新命名和解释后的因子作为后续分析的主要变量;

第三步,以新农村建设和经济发展及环境污染三个指标体系的主成分作为观测变量,三大指标体系作为潜变量构建结构方程模型,进行参数估计,定量分析三者之间的相关性、影响程度及影响路径。

第四步,根据前三步结构分析,得出结论。

以上分析采用 SPSS 和 Eviews 完成。

二、指标体系设立的理论依据与原则

(一)理论依据

1. 可持续发展理论

可持续发展主要包括经济、社会和环境三方面内容,这些构成了可持续发展的基础。这三者本质上相互依存,因而需要极大的努力去促进发展,以维持经济发展、社会发展、环境的协调性,不能以环境的污染(退化)为代价来取得经济的增长。

2. 系统学理论

系统论的突出特色是以综合协同的观点,去探索可持续发展的本源和演化规律。以协调发展、可持续发展为主线,有序地演绎可持续的经济发展与生态环境保护相协调的两者互相制约、互相作用的关系,建立定量分析指标。

3. 生态经济理论

生态经济理论是把经济发展和生态环境保护两者有机结合起来,寻求经济发展与资源和环境的最佳"切合点",探究经济发展中的资源环境承载力。依据生态经济理论,生态经济是地球生态圈内人类经济活动的总和,主要涉及生态、经济、社会三大系统层面。

4. 生态农业理论

该理论的主要观点为:生态农业的发展是新农村建设的关键,以和谐、可持续为理念,以建设生态文明的农村社会为目标,以生态产业、生态人居、生态环境、生态文化为生态农业建设的主要内容,是实现农业农村可持续发展、城乡协调发展的有效途径(周宇,2007)。

5. 和谐发展理论

和谐发展理论是探索与研究事物内在联系之规律的理论,是以事物内在联系之规律为基础,认识事物存在、发展的内在机理,揭示事物存在的本质特征而形成的理论体系。

(二)设立的原则

1.综合协调性原则

经济与生态环境的协调发展要求经济—生态系统内外各要素之间比例结构关系处理得当,经济子系统与生态环境子系统间、子系统内部各要素关系处理得当。

2.多层次原则

经济与生态环境的协调既是层次的协调,是经济子系统内部与生态环境子系统内部的协调;也是经济子系统与生态环境子系统组成的经济—生态大系统的协调。

3.农业主体原则

农村的自然条件、基础设施建设、科技文化水平等决定了农村经济发展仍然以农业为重心,以农村工业化、农村城镇化、城乡一体化为依托,解决好日益突出的人口、生态环境、自然资源与经济社会发展矛盾和压力,实现经济的循环发展和农村资源的综合利用。

4.可持续发展原则

可持续发展要求以人为本,以提高生活质量为目标,同社会进步相适应,追求的是经济发展,而不单纯只是经济增长,是经济社会的全面协调可持续发展,城乡之间良性互动。要做到这一点,城乡协调发展是基本的要求。

5.多目标原则

农村经济发展既要有经济目标,又要有环境目标、生活质量目标等多重目标。

(三)指标体系的设定

新农村建设、农村经济发展、环境污染指标体系,详见表3-1。

表 3 – 1　新农村建设、农村经济发展、环境污染指标体系

目标层	子目标	代码	指标名称
新农村建设指标体系	经济总体状况	x_1	农、林、牧、渔业总产值
		x_2	农业生产总值
		x_3	人均 GDP
		x_4	农产品价格指数
		x_5	农村居民消费价格指数
	社会、文化发展	x_6	农业就业人数占全部就业人数比重
		x_7	每万人拥有医生数
		x_8	每万人拥有医疗床位数
		x_9	农村居民人均文教娱乐支出
		x_{10}	农村恩格尔系数
新农村建设指标体系	人口素质	x_{11}	农村人口
		x_{12}	每百名劳动力中文盲半文盲数
		x_{13}	每万人在校大学生数
	生活质量	x_{14}	农村百人拥有电话机数
		x_{15}	农村居民人均纯收入
		x_{16}	农村人均住房面积
		x_{17}	农村人均消费支出
		x_{18}	人均公共绿地面积
农村经济发展指标体系	规模与结构	y_1	农村固定资产投资总量
		y_2	农户固定资产投入量
		y_3	农村人均面积
		y_4	每公顷耕地生产的农业产值
		y_5	个体经济农户资产投入量
		y_6	人均农药使用量
		y_7	农村单位耕地面积粮食产出
		y_8	农业财政支出
	农业生产	y_9	农业机械动力
		y_{10}	有效灌溉面积
		y_{11}	农村耕地面积
		y_{12}	化肥使用量
		y_{13}	薄膜使用量
		y_{14}	农药使用量
		y_{15}	农村发电量
		y_{16}	每公顷耕地用电量
	农村工业化	y_{17}	工业增加值
		y_{18}	工业总产出
		y_{19}	工业生产总值
		y_{20}	农村用电量

续表

目标层	子目标	代码	指标名称
农村经济发展指标体系	城乡一体化	y_{21}	非农人口比重(%)城市化水平
		y_{22}	公路里程
		y_{23}	生活垃圾清理量
		y_{24}	支农经费占财政支出比重
		y_{25}	城乡居民收入差
		y_{26}	城乡居民消费差
		y_{27}	城乡环境污染治理投资
环境污染指标体系	资源消耗	z_1	万元 GDP 能源消耗(吨标准煤)
		z_2	单位 GDP 电耗
		z_3	单位土地年国内生产总值
	工业排放	z_4	固体废物
		z_5	工业废水排放达标量
		z_6	废气排放量
		z_7	粉尘排放量
		z_8	综合利用工业固体废物
	资源环境	z_9	森林覆盖率
		z_{10}	氨氮排放总量
		z_{11}	三废综合利用产品产值
		z_{12}	污水处理率
		z_{13}	化学需氧量排放量
		z_{14}	二氧化硫排放量
		z_{15}	人均耕地面积
		z_{16}	环境污染直接经济损失
		z_{17}	成灾面积占受灾面积比重
		z_{18}	成灾面积

三、实证分析

(一) 提取因子

分别对新农村建设、农村经济发展和环境污染三个指标体系提取公共因子,其方差贡献如表3-2所示。

表3-2 三个指标体系提取因子个数及方差贡献

因子	新农村建设			农村经济发展			环境污染		
	特征值	方差贡献	累积方差	特征值	方差贡献	累积方差	特征值	方差贡献	累积方差
1	12.83	71.25	71.25	19.04	70.53	70.53	9.80	54.46	54.46
2	1.82	10.13	81.38	2.82	10.43	80.96	3.07	17.07	71.53
3							1.57	8.74	80.27

新农村建设、农村经济发展和环境污染三个指标体系因子碎石图如图3-1所示。图3-1中,分别提取两至三个公共因子即可达到数据降维而信息量损失较小的目的。因此,本章对新农村建设水平测度体系、农村经济发展水平测度体系和环境污染水平测度体系分别提取2个、2个和3个公共因子,分别记为 XF_1、XF_2、YF_1、YF_2、ZF_1、ZF_2 和 ZF_3。

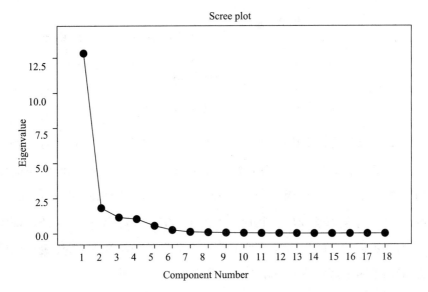

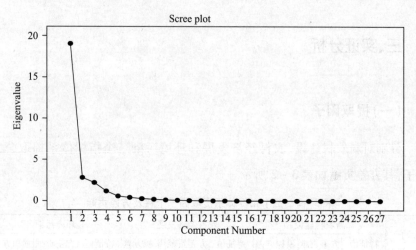

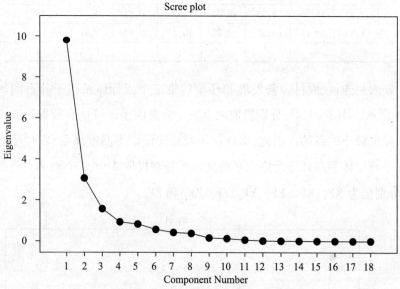

图 3 - 1 三大指标体系公共因子碎石图

考虑后文研究的需要,本章对以上三大指标体系的 XF_1、XF_2、YF_1、YF_2、ZF_1、ZF_2 和 ZF_3 公共因子分别命名为经济与生活因子(XF_1)、价格与医保(XF_2)因子、产业与结构因子(YF_1)、投资与财政因子(YF_2)、工业三废因子(ZF_1)、粉尘绿化因子(ZF_2)、其他排放因子(ZF_3)(具体分析见附录),排序越靠前表示该方面的指标对于所在指标体系的影响越为重要,代表目标层包含的信息越丰富。各个成分的得分系数如表 3 - 3 所示。

表 3 - 3　三大指标体系因子得分系数矩阵

	XF_1	XF_2		YF_1	YF_2		ZF_1	ZF_2	ZF_3
x_1	0.081	-0.028	y_1	0.049	-0.005	z_1	-0.079	-0.133	0
x_2	0.068	0.063	y_2	0.010	-0.275	z_2	-0.024	-0.148	-0.095
x_3	0.072	0.043	y_3	0.055	-0.121	z_3	0.114	-0.068	0.015
x_4	0.023	-0.183	y_4	0.046	0.089	z_4	0.129	-0.050	-0.025
x_5	-0.015	0.134	y_5	0.050	-0.009	z_5	-0.041	-0.108	-0.088
x_6	-0.075	0.005	y_6	0.048	0.033	z_6	0.135	-0.084	-0.034
x_7	-0.065	0.484	y_7	0.034	0.131	z_7	0.016	0.292	-0.119
x_8	0.079	-0.022	y_8	0.047	0.058	z_8	0.119	-0.040	-0.005
x_9	0.086	-0.134	y_9	0.053	-0.018	z_9	-0.099	0.259	0.097
x_{10}	-0.040	-0.153	y_{10}	0.046	0.081	z_{10}	0.035	-0.002	-0.211
x_{11}	-0.091	0.106	y_{11}	0.012	-0.010	z_{11}	0.135	-0.162	-0.058
x_{12}	-0.081	0.067	y_{12}	0.054	-0.047	z_{12}	0.153	0.003	-0.092
x_{13}	0.088	-0.085	y_{13}	0.054	-0.058	z_{13}	0.090	0.157	-0.045
x_{14}	-0.001	0.370	y_{14}	0.053	-0.066	z_{14}	0.073	0.191	-0.311
x_{15}	0.057	0.129	y_{15}	0.053	-0.024	z_{15}	0.147	0.005	-0.146
x_{16}	0.093	-0.148	y_{16}	0.053	-0.015	z_{16}	0.072	0.144	-0.050
x_{17}	0.066	0.080	y_{17}	0.045	0.082	z_{17}	-0.144	-0.060	0.434
x_{18}	0.077	-0.015	y_{18}	0.048	0.061	z_{18}	-0.108	0.014	0.356
			y_{19}	0.044	0.093				
			y_{20}	0.052	0.005				
			y_{21}	0.054	-0.098				
			y_{22}	-0.048	0.165				
			y_{23}	0.013	-0.259				
			y_{24}	-0.020	0.229				
			y_{25}	0.052	0.001				
			y_{26}	-0.006	-0.201				
			y_{27}	0.029	-0.036				

（二）结构方程模型的构建

结构方程模型分析步骤大致包括模型设定、模型识别、参数估计、整体评价和模型修正等五个步骤。

第一步：模型设定。根据先前的理论以及已有的知识，通过推论和假设形成一个关于一组变量之间相互关系（常常是因果关系）的模型。这个模型也可以用路径表明制定变量之间的因果联系。

第二步：模型识别。模型识别是设定 SEM 模型时的一个基本考虑。只有建立的模型具有识别性，才能得到系统各个自由参数的唯一估计值。其中的基本规则是，模型的自由参数不能多于观察数据的方差和协方差总数。

第三步：模型估计。SEM 模型的基本假设是观察变量的方差、协方差矩阵是一套参数的函数。把固定参数和自由参数的估计带入结构方程，推导方差协方差矩阵 Σ，使每一个元素尽可能接近于样本中观察变量的方差协方差矩阵 S 中的相应元素。即，使 Σ 与 S 之间的差异最小化。在参数估计的数学运算方法中，最常用的是最大似然法（ML）和广义最小二乘法（GLS）。

第四步：模型评价。在已有的证据与理论范围内，考察提出的模型拟合样本数据的程度。模型的总体拟合程度的测量指标主要有 χ^2 检验、拟合优度指数（GFI）、校正的拟合优度指数（AGFI）、均方根残差（RMR）等。关于模型每个参数估计值的评价可以用 t 值说明。

第五步：模型修正。模型修正是为了改进初始模型的适合程度。当尝试性初始模型出现不能拟合观察数据的情况（该模型被数据拒绝）时，就需要将模型进行修正，再用同一组观察数据来进行检验。

1. 模型假设

模型假设如图 3 - 2 所示。

根据以往学者们的研究结论，我们假设新农村建设对农村经济发展和环境污染均具有显著正效应，新农村建设和农村经济发展之间呈现相辅相成的作用，特建立如下假设：

H_{12}：新农村建设与环境污染之间有显著正影响；

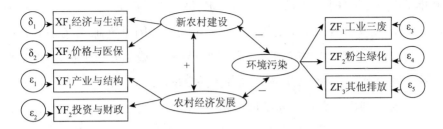

图3-2 结构方程初步假设模型

注:$\delta_i(i=1,2)$与$\varepsilon_i(i=1,2,\cdots,5)$表示模型测量误差。

H_{13}:新农村建设与农村经济发展之间有显著正影响;

H_{23}:环境污染与农村经济发展之间有显著负影响。

上述假设中,新农村建设、农村经济发展和环境污染三者的关系需通过测量方程和结构方程来进行测度,以反映指标与潜变量之间的关系。

测量方程用下述数学模型表示:

$$\begin{cases} X_m = \Lambda_X \xi + \delta \\ Y_n = \Lambda_Y \eta + \varepsilon \end{cases}$$

其中,$X = (x_1, x_2, \cdots, x_m)^T$是由$m$个外生变量构成的列向量;$\xi = (\xi_1, \xi_2, \cdots, \xi_u)^T$是由$u$个外生变量构成的列向量;$\Lambda_X$是一个$m \times u$维的矩阵,称作$X$在$\xi$上的因子负荷矩阵,描述了外生变量与外生潜变量之间的关系;$\delta = (\delta_1, \delta_2, \cdots, \delta_m)^T$是$m$维的误差项列向量。$Y = (y_1, y_2, \cdots, y_n)^T$是由$n$个内生变量构成的列向量;$\eta = (\eta_1, \eta_2, \cdots, \eta_v)^T$是由$v$个内生变量构成的列向量;$\Lambda_Y$是一个$n \times v$维矩阵,称作$Y$在$\eta$上的因子负荷阵,描述了内生变量与内生潜变量之间的关系,$\varepsilon = (\varepsilon_1, \varepsilon_2, \cdots, \varepsilon_n)^T$是$n$维的误差列向量。

结构方程用来描述外生潜变量与内生潜变量之间的关系,用下述模型表示:

$$\eta = B\eta + \Gamma\xi + \zeta$$

其中,η、ξ同上定义;B是一个$v \times v$维的矩阵,描述内生潜变量之间的关系;Γ是一个$v \times u$的矩阵,是η在ξ上的负荷系数,描述外生潜变量对内生变量的影响系数;$\zeta = (\zeta_1, \zeta_2, \cdots, \zeta_v)^T$为一个$v$维结构模型的残差序列向量,反映模型中为能够解释 η 的部分。一般假定,每一个指标 $x_i, y_j (i = 1, 2, \cdots, m;$ $j = 1, 2, \cdots, n)$ 只在其对应的潜变量上有不为 0 的因子负荷,而在其他潜变量上的因子负荷为 0。内生变量之间的路径(相关或单方面影响)依据经验和相关理论而定。测量误差项 δ_i 与外生潜变量 ξ_j 之间 $(i, j = 1, 2, \cdots, m)$、测量误差项 ε_i 与内生潜变量 η_j 之间不相关 $(i, j = 1, 2, \cdots, n)$;δ_i 与 $\delta_j (i, j = 1, 2, \cdots, m; i \neq j)$、$\varepsilon_i$ 与 $\varepsilon_j (i, j = 1, 2, \cdots, n; i \neq j)$ ζ_i 与 $\zeta_j (i, j = 1, 2, \cdots, v; i \neq j)$ 不相关。

2. 测量量表设计及信效度检验

同质性信度检验是为了检验量表的内容一致性而进行的,通过检验量表的内容一致性可以进一步检验量表的设计规范程度和可测信度,采用奇偶分半的方法将条目分成两部分,得出内容一致性检验结果见表 3 - 4,由此说明该结构模型用于评估时内部一致性和可靠度不高。

表 3 - 4　同质性信度检验

指标	总量表	X 体系	Y 体系	Z 体系
Cronbach's Alpha	0.064	0.635	0.661	- 0.007
Split - half	0.125	0.728	0.786	- 0.014

在衡量变量的结构效度检验方面,可以通过检验样本来判断是否适合进行因子分析来实现。通过 SPSS 进行分析,KMO 检验值为 0.723,根据统计学家 Kaiser 给出标准,取值在 0.7 ~ 0.8,说明比较适合进行因子分析。Bartlett 球形检验给出的相伴概率为 0,小于显著性水平 0.05,因此拒绝 Bartlett 球形检验原假设,也认为适合进行探索性因子分析。

3. 参数估计与模型修正

利用 Lisrel 软件对初始模型进行拟合和参数估计,测量模型和结构模型的估计结果如表 3 - 5 和表 3 - 6 所示。

表 3 - 5　测量模型因子负载参数估计结果

变量类型	潜在变量	测量变量	非标准化负荷	标准因子负荷	t 值
内生	新农村建设 ξ	(XF₁)经济与生活因子	1.000	0.576	11.89
		(XF₂)价格与医保因子	0.258	0.121	5.43

续表

变量类型	潜在变量	测量变量	非标准化负荷	标准因子负荷	t值
外生	农村经济发展 η_1	（YF$_1$）产业与结构因子	1.000	0.449	7.99
		（YF$_2$）投资与财政因子	0.008	0.009	0.82
	环境污染 η_2	（ZF$_1$）工业三废因子	1.000	0.786	15.23
		（ZF$_2$）粉尘绿化因子	−0.397	−0.301	6.89
		（ZF$_3$）其他排放因子	0.096	0.063	3.45

去掉未能够通过显著性检验的路径系数，建立一次修正模型进行拟合结果为：$\chi^2 = 279.67$；$p = 0$；$\chi^2/df = 2.902$；GFI：0.9716；AGFI：0.9333；PGFI：0.6901；NFI：0.9733；IFI：0.9826；CFI：0.9825；RMSEA：0.0492。由拟合结果可知，修正后的模型结果拟合优度上并未明显得到提高，因此，选择进行多次修正选择最优模型。考虑到可能是由于去除路径的过程中，变量因子间隐含的间接效应消失造成的，可以采用逐步调整路径来达到找出组合最优模型的方法。

表3−6 初始结构模型路径系数估计与假设检验结果

路径关系假设	路径名称	方向	标准化路径系数	t值	结果
H$_{12}$：新农村建设—农村经济发展	$\xi - \eta_1$	正	0.841	18.50***	支持
H$_{13}$：新农村建设—环境污染	$\xi - \eta_2$	负	0.114	2.43	不支持
H$_{32}$：环境污染—农村经济发展	$\eta_3 - \eta_2$	负	−0.626	15.12***	支持

注："＊＊＊"表示在1%的显著性水平拒绝原假设。

二次修正模型：修改"新农村建设至农村经济发展"为"农村经济发展至新农村建设"，其他路径保持不变。

三次修正模型：向一次修正模型中，修改"新农村建设至环境污染"为"环境污染至新农村建设"，其他路径保持不变。

四次修正模型：向一次修正模型中，同时修改"新农村建设至环境污染"为"环境污染至新农村建设"和"农村经济发展至环境污染"为"环境污染至农村经济发展"，其他路径保持不变。

五次修正模型：向一次修正模型中，修改"农村经济发展至环境污染"为"环境污染至农村经济发展"，其他路径保持不变。

表 3-7 模型修正过程中拟合程度变化

模型	χ^2	P	χ^2/df	GFI	AGFI	PGFI	NFI	IFI	CFI	RMSEA	RMR
初始模型	279.35	0.00	25.401	0.959	0.942	0.678	0.977	0.986	0.986	0.044	0.034
一次修正	280.38	0.00	25.481	0.952	0.933	0.690	0.973	0.983	0.983	0.049	0.036
二次修正	269.89	0.00	24.541	0.952	0.933	0.685	0.974	0.983	0.983	0.049	0.036
三次修正	281.42	0.00	25.578	0.959	0.943	0.689	0.977	0.986	0.986	0.044	0.034
四次修正	280.91	0.00	25.535	0.959	0.942	0.689	0.977	0.986	0.986	0.044	0.034
五次修正	268.56	0.00	24.429	0.958	0.942	0.684	0.977	0.986	0.986	0.044	0.034

由表 3-7 中各个模型的拟合系数可知，初始模型至五次修正模型变化中，χ^2 值尽管有所变化，但并不明显；其中，原假设模型 χ^2 值稍微小一些，但自由度却相对差距较大；一、二次修正模型尽管自由度有所上升，但 χ^2 值明显小于其他模型；结合 χ^2 值与自由度之比和其他综合系数，综合比较三、四、五次修正模型各结果，最终确定四次修正模型拟合程度最好，确定其为最终研究模型。其参数路径如图 3-3 所示：

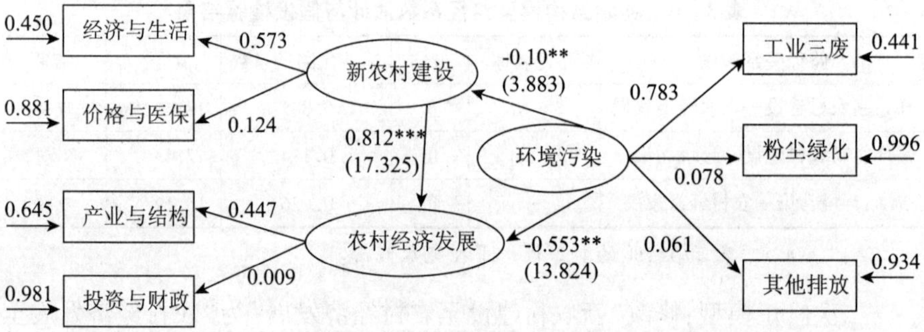

图 3-3 最终结构方程模型

注：图中路径系数为标准化路径系数，"＊＊"、"＊＊＊"分别表示在5%、1%的显著性水平下为显著的，括号内为t值。

通过采用结构方程模型分析得出：(1)新农村建设、农村经济发展和环境污染三者之间存在潜变量关系。(2)新建设水平和农村经济发展水平之间表现出较高的相关性，新农村建设对农村经济发展水平影响的标准化路径系数(两者关系的紧密度，下同)达到 0.812。新农村建设和经济与生活的标准化路径系数是 0.573,影响非常显著。与价格与医保的标准化路径系数是 0.124,影响也较大。农村经济发展与产业与结构的标准化路径系数是 0.447,影响非常显著,这说明新农村建设中农村经济发展对产业结构的转换升级,以及农业生产规模与结构的优化影响显著。农村经济发展与投资与财政的标准化路径系数是 0.009,相对较小些,说明农村经济发展的关键应当是重在结构的调整,而非资源的粗放式投入。但在模型修正过程中发现,这二者之间的主次关系仍然需要进一步研究,因为改变结构模型的路径,对于模型其他路径系数估计结果有较大影响。

新农村建设、农村经济发展和环境污染的相互影响、相互作用如下:第一,环境污染对于农村经济发展具有明显的抑制效应,且影响系数较大,达到了 −0.553,从模型数据来判断,要加快农村经济发展水平,就必须降低环境污染的水平,改善投资结构和工业效益,优化产业结构和规模结构,避免采用传统高投入、低产出、高污染的发展模式,我国新农村建设中的农村经济发展如何在降低环境污染和保持经济增长间找到均衡点是矛盾的关键所在。第二,结果显示农村环境污染最严重的是工业三废,标准化路径系数是 0.783,工业三废其原因有二,一方面是农村工业化所导致,另一方面是来自城市工业化的污染转嫁。因此如何提高农村工业的技术含量,优化其空间布局,实现资源的优化配置及综合利用,就成为问题的重中之重;当然人力资本的培育与有效利用是不可忽视的重要因素;就城市工业污染的转嫁而言,如何完善相关制度,实施环境污染补偿机制,发挥市场机制的淘汰职能就成为新农村建设、农村经济发展中的重要问题;其二是粉尘绿化,标准化路径系数是 0.078;从粉尘绿化公共因子对应的指标来看,这应该既与经济发展中的资源过度消耗有密切关系,也与城市化中的土地大规模开发、绿色植被遭到破坏有关;因此转换经济发展模式,由资源、环境消耗的粗放式增长向内涵式集约型增长转变,以及加强土地资源的科学规划与合理利用,扩大绿地覆盖率,都是新农村建设中的迫切问题;其三是其他排放,标准化路径系数是 0.061,从公共因子对应的指标来看,这主要是由于生态环境遭到破坏、成灾面积扩大的影响,其原因仍然与过度开发和资源过度利用有密切关系。第三,环境污染和新农村建设之间的标准化路径系数是 −0.10,新农村建设和经济与生活之间的标准化路径系数是 0.573,因此环境污染对经济与生活的负面影响很大,是 −0.10×0.573;说明环境污染导致生产成本和生活成本的提高,从长期来看,环境污染必然影响企业的发展状大,使企业的竞争力下降,就业减少,生活水平降低;环境污染对产业与结构的负面影响是 −0.553×0.447,说明环境污染影响农业生产和农村企业的发展规模和结构的调整,使规模和结构调整优化的成本提高,影响产业结构的转型升级;环境污染对价格与医保的负面影响是 −0.10×0.124,说明环境污染这个负面因素,影响价格水平的平稳,导致经济的波动,使医疗保健支出增加;环境污染对投资与财政的负面影响是 −0.533×0.09,说明环境污染不仅使投资的成本增加,还会影响投资结构的调整,使折旧性投入、补偿性支出增多,投资者会因前期投入的大量沉没成本,使选择、放弃的难度加大,也将导致财政支农费用的增加。

四、研究结论

通过对新农村建设、农村经济发展和环境污染的相互影响进行实证分析,得出主要结论有:

(1)本章构建的指标体系信效度都比较理想,主成分分析效果比较好,提取两至三个公共因子就基本上能获取原始指标体系 80% 以上的信息,这说明构建的指标体系基本上能反映新农村建设水平、农村经济发展水平和环境污染的程度。

(2)本章采用结构方程模型分析新农村建设、农村经济发展和环境污染三者之间可能存在的潜变量关系。分析结果表明,结构方程模型应用于分析新农村建设中的宏观经济效益类型变量,效果较好。或许由于数据样本量偏少的原因,本章的结论中可能还需要进一步进行研究和修正。

(3)环境污染对于农村经济发展具有明显的抑制效应,且影响系数较大,达到了 −0.553,同时分析还得出农村经济结构的转型、升级重于投入数量的增加。说明从模型数据来判断,要加快农村经济发展水平,就必须降低环境污染的水平,改善农村投资结构、优化规模结构和产业结构,以及提高工业效益,科学规划,大力发展生态循环经济,提高资源的整合,实现综合利用与优化配置,避免采用传统高投入、低产出、高污染的发展模式。

(4)新农村建设水平和农村经济发展水平之间表现出较高的相关性,新农村建设对农村经济发展水平的影响系数达到0.812。但在模型修正过程中发现,这二者之间的主次关系仍然需要进一步研究,因为改变结构模型的路径,对于模型其他路径系数估计结果有较大影响。

附表 3 - 1 新农村建设指标体系旋转后的因子载荷矩阵

变量	因子	
	XF_1	XF_2
x_1	0.983	0.068
x_2	0.955	0.234
x_3	0.970	0.198
x_4	0.015	-0.338
x_5	0.018	0.250
x_6	-0.942	-0.105
x_7	-0.078	0.888
x_8	0.960	0.076
x_9	0.878	-0.142
x_{10}	-0.741	-0.374
x_{11}	-0.986	0.077
x_{12}	-0.925	0.012
x_{13}	0.983	-0.037
x_{14}	0.549	0.753
x_{15}	0.915	0.351
x_{16}	0.952	-0.158
x_{17}	0.952	0.263
x_{18}	0.953	0.088

附表 3 - 1 为根据方差极大化法对因子载荷矩阵旋转后的结果。由于未经旋转的载荷矩阵中,因子变量在许多变量上都有较高的载荷,从而使其含义比较模糊。而经过旋转以后,第一个因子变量含义略加清晰,基本上反映了经济发展和生活水平,因而将其命名为"经济与生活"因子;第二个因子变量基本上反映了价格指数和医疗保障,因而将其命名为"价格与医保"因子。

附表 3 – 2　农村经济发展指标体系旋转后的因子载荷矩阵

变量	因子	
	YF_1	YF_2
y_1	0.927	0.028
y_2	− 0.039	− 0.777
y_3	0.937	− 0.299
y_4	0.944	0.293
y_5	0.946	0.018
y_6	0.936	0.135
y_7	0.753	0.403
y_8	0.934	0.207
y_9	0.998	− 0.005
y_{10}	0.935	0.269
y_{11}	0.227	− 0.018
y_{12}	0.980	− 0.089
y_{13}	0.973	− 0.119
y_{14}	0.947	− 0.143
y_{15}	0.984	− 0.024
y_{16}	0.985	0.001
y_{17}	0.932	0.274
y_{18}	0.956	0.214
y_{19}	0.922	0.304
y_{20}	0.993	0.058
y_{21}	0.948	− 0.233
y_{22}	− 0.774	0.431
y_{23}	0.027	− 0.728
y_{24}	− 0.179	0.639
y_{25}	0.994	0.047
y_{26}	− 0.285	− 0.579
y_{27}	0.522	− 0.079

附表 3 – 2 为经旋转后的因子载荷矩阵。从表中可知,第一个因子基本上反映了农村经济规模、产业发展以及工业化等,可以将其命名为"产业与结构"因子;第二个因子基本上反映了固定资产投资、生活垃圾清理量以及支农财政支出等,可以将其命名为"投资与财政"因子。

附表 3-3　环境污染指标体系旋转后的因子载荷矩阵

变量	因子		
	ZF_1	ZF_2	ZF_3
z_1	-0.761	-0.491	-0.340
z_2	-0.608	-0.557	-0.469
z_3	0.923	-0.111	0.349
z_4	0.935	-0.071	0.283
z_5	-0.696	-0.440	-0.472
z_6	0.933	-0.180	0.252
z_7	0.004	0.858	-0.110
z_8	0.925	-0.032	0.323
z_9	-0.293	0.811	0.179
z_{10}	-0.363	-0.128	-0.541
z_{11}	0.789	-0.445	0.122
z_{12}	0.969	0.070	0.189
z_{13}	0.732	0.544	0.251
z_{14}	-0.197	0.450	-0.594
z_{15}	0.762	0.036	0.009
z_{16}	0.555	0.483	0.169
z_{17}	0.105	-0.003	0.847
z_{18}	0.223	0.208	0.773

　　附表 3-3 给出了环境污染指标体系经旋转后的因子载荷矩阵。从表中可以看到,第一个因子主要体现在工业固体废物排放量、工业废水排放量以及工业废气排放量上,因而可以将其命名为"工业三废"因子;第二个因子主要体现在森林覆盖率和粉尘排放量上,因而可以将其命名为"粉尘绿化"因子;第三个因子主要体现在承载面积上,将其命名为"其他排放"因子。

第二篇

理论研究

第四章 资源与环境约束下的最优经济增长的实现条件研究

随着科学技术的突飞猛进,人类征服自然、改造自然的能力与规模空前扩大。一方面,由于人类无节制地向大自然大量索取所需的各种资源,导致资源日益枯竭;另一方面,人类的生产与消费活动又向大自然排放大量的污染废弃物,导致生态环境日益恶化,资源、环境与人类的可持续增长间的矛盾与冲突日趋严重。这一现象引起众多经济学家们和政府的关注。20 世纪70 年代,罗马俱乐部就此提出增长极限论,认为人类的经济增长会因为资源总量的限制而变得不可持续,人类唯一能做的就是停止经济增长。尽管这一论调过于悲观,但由此引起经济学家对资源环境与经济增长间关系的沉重思索:面对日益枯竭的不可再生资源与不断恶化的生态环境,经济增长还能不能持续? 如果能持续的话,又该如何去持续? 实现经济持续增长,到底有没有最优路径? 如果有,那么这一最优路径又在哪里? 在这条最优的经济路径上,会有哪些影响因素? 这些因素是如何作用呢? 毫无疑问,对这些问题进行认真深入的研究并做出科学回答具有非常重要的现实意义。本章在对有关学者的文献进行梳理的基础上,试图对这些问题作进一步探讨。

本章结构第一部分为文献综述;第二部分是理论模型的构建;第三部分是模型的求解,分别给出在不考虑消费者的环境偏好仅考虑资源约束情形和同时考虑资源约束与环境约束的情形下均衡增长路径上的充要条件及经济意义;最后是结论以及未来研究的展望。

一、文献综述

对经济增长最优路径的分析当首推新古典增长理论。拉姆齐(1928)通过对代表性消费者与生产者的行为假设提出实现最优目标的路径问题,从而提出经济长期增长的路径最优问题。但新古典经济增长理论在解释经济增长时存在两个缺陷:第一是将经济增长的动力归结为无法解释的外在技术进步,实际上并没有揭示出经济增长的内在机制;第二是在新古典经济增长理论的假设中自然资源的供给是不需要考虑的,即资源与生产要素供给是无限的,并且假定产出是没有污染的。很显然,在资源环境成为人类社会可持续发展的最大瓶颈时,新古典经济增长理论的这两个缺陷就影响这一理论的意义与应用。20世纪80年代,以Romer(1990)、Lucas(1988)等为代表的新经济增长理论通过运用"干中学"模型(learn by doing)、人力资本模型、R&D模型将技术内生化,从而摆脱了新古典经济学将经济长期增长依赖于无法解释的外生技术进步的束缚,但对于新古典增长理论的第二个缺陷,内生增长理论却较少进行研究。Maler K. G通过给定消费者效用水平取决于消费物品数量与环境质量,首次将环境质量问题纳入最优经济增长研究。此后,众多经济学家在内生增长模型的框架下研究生态环境、资源利用与经济可持续问题(Barrett,1992;Lopez,1994;Ligthart、Van der Ploeg,1994;Stokey,1998;Bovenberg A L,1995;Panayotou,2000;Grimaud 和 Rouge,2003;Dinda S,2004 等)。

王海建(1999)利用P. M. Romer内生经济增长模型,将耗竭性资源纳入生产函数,并考虑环境外在性因素对跨时效用的影响,运用动态优化方法分析在资源环境双重约束下维持人类可持续消费应满足的要求条件,其结论是可耗竭性资源投入与人口增长率的比值应小于劳动力产出弹性与资源产出弹性的比。彭水军、包群(2006)通过构建一个包含研发部门和自然资源开采部门的四部门封闭的内生经济增长系统模型,将存量有限且不可再生的自然资源引入生产函数,给出经济平衡增长路径的经济增长率及存在的充分条件,系统探讨人口、资源与环境约束条件下经济长期增长的动力机制。其主要结论与启示是经济中有足够有效的研发创新活动,克服自然资源的稀缺和耗竭,从而保持经济的可持续增长。张敬一等(2009)通过构造一个基于环境质量的动态经济模型探讨环境约束下经济的最优增长路径及满足的条件。

现有对环境资源约束条件下的经济增长研究可概括为三类:第一类将自然资源与环境质量视为与资本、劳动等要素一样,作为要素投入考察最优增长路径;第二类研究利用动态最优理论,将环境污染引入消费者效用函数,考察消费者跨期最优决策;第三类是当同时考虑环境污染的正负效应时,结论是环境与收入间存在库兹涅茨倒 U 曲线。

由于耗竭性资源、环境质量下降越来越成为制约经济增长特别是长期增长的主要因素,因而,本章致力于在资源与环境双重约束下维持经济的可持续增长的实现条件研究。按照新古典理论,最优增长是实现无限期代表性消费者效用最大化的经济增长,很显然,这种最优增长在耗竭性资源假设与人类生产生活消费的环境约束下既是不可持续的,同时也不是最优的;同样,在资源的耗竭性和环境污染的负外部性的假设下,能够保证的可持续增长却不一定是最优的增长路径。因而,在资源与环境双重约束下的经济最优增长应满足:(1)可持续,即现有可耗竭性资源存量能够支撑经济长期增长;(2)环境污染总量不断下降,消费环境质量不断提高;(3)消费者效用贴现值最大化。

本章在借鉴已有文献研究的基础上,通过将环境质量引入消费者效用函数,将耗竭性资源引入生产函数,构建一个包含研发创新部门的内生增长模型;运用最优控制理论求解模型的均衡解及均衡解存在的充分条件。

二、模型描述

仅考虑封闭经济情形,整个经济包括两类部门:一类是物质产品生产部门,另一类是研发新技术部门,并且假设经济体中存在无数同质的个体,每个个体既是消费者也是生产者。人口规模初始水平标准化为1,且与劳动力数量相等,这样方便经济中所有加总变量解释为人均变量水平。

（一）技术

假定总量生产函数中除资本、劳动、耗竭性资源要素外,污染强度也作为生产要素进入生产函数中来。之所以这样考虑,是因为对环境管制越宽松,就意味着能使更多不清洁但更多的生产技术被采用,我们用 $z \in [0,1]$ 来衡量生产技术的不清洁程度,$z = 1$ 即完全不考虑生产过程的环境影响,此时污染强度最大,产出也达到新古典增长理论中的最大产出量;当考虑环境影响时,$z < 1$,产出会低于潜在产出,这是生产过程中使用清洁生产技术的代价。

（二）投入与产出

物质生产部门的全部产出用于消费与投资,研发部门提高社会知识存量水平,劳动力可在两类部门间自由流动。沿着 Romer 的思路与观点,假设技术变动方程为:

$$\dot{A}_{(t)} = \eta A_{(t)} L_A \tag{1}$$

其中,$\dot{A}_{(t)}$ 为技术增长变化率,$A_{(t)}$ 表示第 t 时刻产品生产部门的技术水平,L_A 为进入研发部门的劳动力,η 表示技术生产率参数,且 $\eta > 0$。

假设耗竭性资源 R 投入对于生产过程中是基本的,其含义是:当 $R = 0$ 时,$Y = 0$;若 $Y > 0$,必有 $R > 0$。对耗竭性资源的可持续利用要求生产过程中资源投入的增长率为负数,即 $\frac{\dot{R}}{R} < 0$。否则,无论现有资源存量多大,最终在有限时间内被消耗,使得经济增长成为不可持续。于是,总量生产函数可以写为:

$$Y_t = A_t F(K_t, L_t, R_t, z)$$

其中,$Y_t, K_t, A_t, L_t, R_t, z$ 分别表示第 t 期的产出水平、投入的资本、技术、劳动、可耗竭性资源与污染强度。

进一步,假设生产函数为柯布—道格拉斯模型,省略时间下标 t,则

$$Y = A K^a L_M{}^b R^{1-a-b} z \tag{2}$$

这里，L_M 为投入生产过程的劳动，且 $L_M + L_A = L$。a、b 均为常数，且 $a > 0$，$b > 0，1 - a - b > 0$。

根据前面假设总人口与劳动力相等，且人口初始水平标准化为1，劳动力人数 L 的增长率为 n，则人均产出水平 $y = \dfrac{Y}{L}$。

$$y = \frac{Y}{L} = Ak^a l_M{}^b r^{1-a-b} z \qquad (3)$$

其中，$k = \dfrac{K}{L}$ 为人均资本；$r = \dfrac{R}{L}$ 为人均资源投入，l_A 为投入技术创新部门的劳动力比例。

(三)消费与投资

全部产出用于消费与投资两部分，当期投资导致资本存量增加。于是人均实物资本的变化 $\dot{k}$ 为：

$$\dot{k} = y - c - (n + \delta)k \qquad (4)$$

其中，c 为人均消费，δ 为资本折旧率，n 为人口增长率。

(四)环境约束与环境质量

污染存量水平 X 受生产过程中污染物的排放总量、技术进步以及环境自身净化能力因素影响。假设存在一个最大的污染存量 $X^{\max}$，其含义是经济增长所能承受的最大环境约束，一旦实际污染存量超过这一阈值，则意味着环境遭遇不可逆转的灾难。由此，可定义环境质量 E 为实际污染水平与最大污染存量水平的差。即 $E = X^{\max} - X$。

由前面假设，得

$$\dot{X} = (1 - h - \theta)W$$

其中，$\dot{X}$ 为污染流量，W 为生产过程中的污染排放总量，h 为技术进步导致的生产过程中的污染净化率，θ 为环境系统自身净吸收率。

令 $x = \dfrac{X}{L}$，并对时间求导，得 $\dfrac{\dot{x}}{x} = \dfrac{\dot{X}}{X} - \dfrac{\dot{L}}{L}$，其中，$\dfrac{\dot{L}}{L} = n$。

由 $\dot{X} = (1 - h - \theta)W$ 可得 $\dfrac{\dot{X}}{X} \cdot \dfrac{X}{L} = (1 - h - \theta)\dfrac{W}{L}$，再令 w 为人均污染排放水平，则有

$$\frac{\dot{x}}{x} = (1 - h - \theta)w - nx。$$ 又由 $E = X^{\max} - X$ 可得 $\dfrac{E}{L} = \dfrac{X^{\max}}{L} - \dfrac{X}{L}。$ 也即

$e = x^{\max} - x。$

因而人均环境质量动态方程为：

$$\frac{\mathrm{d}e}{\mathrm{d}t} = -\frac{\mathrm{d}x}{\mathrm{d}t} = n(x^{\max} - e) - (1 - h - \theta)x \tag{5}$$

(五)社会福利水平

消费者的福利不仅与消费的物质产品有关，也与消费的环境质量有关，尤其是当消费者收入水平提高时，对环境要求越来越高。鉴于此，假定代表性消费者在无限时域上的效用取决于消费 c 和环境质量 e，则瞬时效用函数为：

$$V = ce^{-\omega}$$

其中，ω 为消费者对环境质量的偏好程度，也可理解为消费者的环保意识参数，$0 < \omega < 1$。

假设存在一社会计划者，其面临的问题是在(1)、(4)式约束下，选择人均消费水平 c 和污染排放 x，使得如下跨期效用最大化：

$$\max U = \max \int_0^\infty e^{-\rho t} \ln V dt$$

$$\text{s.t} \begin{cases} \dot{A}_{(t)} = \eta A_{(t)} L_A \\ \dot{k} = y - c - (n + \delta)k \end{cases} \tag{6}$$

这里 ρ 为主观折现率，假定 K_0, L_0 给定。

至此，完成模型构建。

三、模型求解

对上面的模型分两种情形求解，第一种情形是暂不考虑消费者对环境

的偏好参数,即 ω 为 0 的情形。然后,我们考虑 ω 不为 0 的情形,即将环境约束纳入模型,求解消费者环境偏好参数的经济最优路径的实现条件。

1. 第一种情形: $\omega = 0$

利用 Potryagin 极大值原理求解上面动态最优化模型,为此,构造(6)式
$H = \exp(-\rho t) InV(c,e) + \lambda_1 \eta AL_a + \lambda_2 [Ak^a l_M{}^b r^{1-a-b} - c - (n+\delta)k]$ Hamilton
函数。

其中,λ_1, λ_2 分别为技术、资本的影子价格,控制变量为 c 与 l_M,状态变量为 A,k。最优路径应满足的一阶条件为:

$$\frac{\partial H}{\partial c} = \lambda_2 - c^{-1} = 0 \tag{7}$$

$$\frac{\partial H}{\partial l_M} = -\lambda_1 A\eta + \lambda_2 \frac{\delta y}{\delta l_M} = 0 \tag{8}$$

欧拉方程为:

$$-\dot{\lambda}_1 + p\lambda_1 = -\lambda_1 \eta L_A + \lambda_2 \frac{\delta y}{\delta A} \tag{9}$$

$$-\dot{\lambda}_2 + \rho\lambda_2 = \lambda_2 \frac{\delta y}{\delta k} - \lambda_2(n+\delta) \tag{10}$$

(7)式对时间 t 求导,得:

$$\dot{\lambda}_2 = -c^{-2}\dot{c} \tag{11}$$

定义变量 z 的增长率为 ξ_z,则 $\xi_z = \frac{\dot{z}}{z}$,

因此有 $\xi_c = \frac{\dot{c}}{c}, \xi_k = \frac{\dot{k}}{k}, \xi_r = \frac{\dot{r}}{r}$

由(9)、(10)式可得:

$$\frac{\dot{\lambda}_1}{\lambda_1} = \rho + \eta L_A - \frac{\lambda_2}{\lambda_1}\frac{\delta y}{\delta A} \tag{12}$$

$$\frac{\dot{\lambda}_2}{\lambda_2} = \rho + n + \delta - \frac{\delta y}{\delta k} \tag{13}$$

进一步,由(8)式、(12)式可得

$$\frac{\dot{\lambda_1}}{\lambda_1} = \rho + \eta L_A - \frac{\eta}{b}(L - L_A) \tag{14}$$

$$\frac{\dot{\lambda_2}}{\lambda_2} = \rho + n + \delta - \frac{aA\eta\lambda_1 l_M}{b\lambda_2 k} \tag{15}$$

现代增长理论的一个发现是经济在长期增长过程具有稳态特征(stead state),即长期增长过程中所有人均变量的增长率都是常数。这一发现使得对经济增长动态分析在数学上更易于处理。因而在稳态增长条件下,各变量的增长率为常数,因此(15)式右端为常数,即:

$\frac{aA\eta\lambda_1 l_M}{b\lambda_2 k}$ = 常数 ,对时间求导,得:

$$\xi_A + \xi_{\lambda_1} = \xi_{\lambda_2} + \xi_k \tag{16}$$

又由(4)式,得:

$$\xi_k = \frac{y}{k} - \frac{c}{k} - (n + \delta) \tag{17}$$

同理,(17)式中 $\frac{y}{k}$ 与 $\frac{c}{k}$ 都应为常数,分别对时间求导,可得:

$$\xi_A + (a - 1)\xi_k + (1 - a - b)\xi_r = 0 \tag{18}$$

$$\xi_k = \xi_c \tag{19}$$

由(1)式、(3)式和(8)式可得:

$$L_M = \left(\frac{\lambda_1 \eta}{\lambda_2 bk^a r^{1-a-b}}\right)^{\frac{1}{b-1}}$$

根据(1)式有:

$$\frac{\dot{A}}{A} = \eta L_A = \eta L - \eta L_M \tag{20}$$

在均衡状态下,(19)右端项应为常数。即

$\frac{\lambda_1 \eta}{\lambda_2 bk^a r^{1-a-b}}$ =常数,对时间求导,得:

$$\xi_{\lambda_1} = \xi_{\lambda_2} + a\xi_k + (1 - a - b)\xi_r \tag{21}$$

再结合(1)式、(3)式、(16)式、(18)式和(19)式,可得:

$$L_A = \frac{(\eta L - \rho b)}{\delta} \tag{22}$$

由(18)式、(19)式和(22)式得:

$$\xi_c = \xi_k = \frac{1}{1-a}\left[(1-a-b)\xi_r + \eta L - \rho b\right] \tag{23}$$

很明显,在长期中,如果人均消费是负增长率,这样的经济增长不是最优路径,因此在资源约束下的经济最优增长至少应满足 $\xi_c > 0$。根据前面 a 小于 1 的假定,则对耗竭性资源投入的增长率应满足:

$$(1-a-b)\xi_r + \eta L - \rho b > 0$$

又根据前面对耗竭性资源投入的假设,要求 $\xi_r < 0$。因而,可得到:

$$|\xi_r| < \frac{\eta L - \rho b}{1-a-b} \tag{24}$$

(24)式表明,资源投入在生产过程中是最基本的条件及消费持续增长的要求下,耗竭性资源投入的增长率绝对值应小于 $\dfrac{\eta L - \rho b}{1-a-b}$。

再将(24)式代入(22)式,可得

$$L_A > \frac{(1-a-b)}{\delta}|\xi_r| \tag{25}$$

(25)式表明存在资源投入约束的条件下,经济持续增长要求劳动力中进入技术创新部门的比例,这一比例取决于资源投产出弹性、资源投入增长水平及资本的折旧率三个因素。

2. 第二种情形,即 $0 < \omega < 1$

消费者的效用不仅依赖于物质产品,而且依赖于消费者的环境偏好。换句话说,环境质量因素进入消费者的效用函数。

Hamilton 函数为:

$$H = \exp(-\rho t)InV(c,e) + \lambda_1 \eta A L_A + \lambda_2[Ak^a l_M^b r^{1-a-b} - c - (n+\delta)k] +$$
$$\lambda_3[n(x^{max} - e) - (1-h-\theta)x]$$ 其中,$\lambda_1,\lambda_2,\lambda_3$ 分别为技术、资本与环境质量的影子价格水平,控制变量为 c、e,状态变量为 A,k。应满足的一阶条件为:

$$\frac{\partial H}{\partial c} = \lambda_2 - c^{-1} = 0 \tag{26}$$

$$\frac{\partial H}{\partial e} = -\frac{\omega}{e} + n\lambda_3 = 0 \tag{27}$$

欧拉方程有:

$$-\dot{\lambda}_1 + p\lambda_1 = -\lambda_1 \eta L_A + \lambda_2 \frac{\delta y}{\delta A} \qquad (28)$$

$$-\dot{\lambda}_2 + \rho\lambda_2 = \lambda_2 \frac{\delta y}{\delta k} - \lambda_2(n + \delta) \qquad (29)$$

$$-\dot{\lambda}_3 + \rho\lambda_3 = -\frac{\omega}{e} - n\lambda_3 \qquad (30)$$

由(27)和(30)式得,

$$\xi_e = \frac{\dot{e}}{e} = -\frac{\dot{\lambda}_3}{\lambda_3} = -(\rho + n + \frac{\omega}{e\lambda_3}) = -(\rho + 2n) \qquad (31)$$

(31)式表明,在考虑消费者的环境偏好因素下,人均环境质量绝对增长率(也可以理解为污染存量的下降率)应为消费者的主观时间偏好率与人口增长率的两倍之和。至于人均消费水平增长率与人均资本增长率,则与第一种情形相同。即满足:

$$\xi_c = \xi_k = \frac{1}{1-a}\left[(1-a-b)\xi_r + \eta L - \rho b\right] \qquad (32)$$

四、结论

本章在内生增长理论框架下,探讨了在资源约束与消费者环境偏好约束下经济最优增长的实现条件。我们发现,当只考虑耗竭性资源投入约束下,经济最优增长的实现条件是耗竭性资源投入的增长率不得超过 $\frac{\eta L - \rho b}{1-a-b}$,并且进入创新的劳动力投入比例不能小于 $\frac{(1-a-b)}{\delta}|\xi_r|$。

当同时考虑耗竭性资源投入约束与消费者效用的环境偏好约束时,环境质量的提高率或环境污染存量水平的下降率决定于消费者时间主观偏好率与人口增长率水平,这一结论与大多数研究结论有所区别,可能的原因是在模型中隐含污染产出物是一个外生的固定变量假设。实际上,在污染产出与生产总产出水平之间应该存在一定相关关系。因此,未来的研究应该放松这一隐含假设,也就是说环境质量除受环境系统自身净化率、技术进步等因素外,还受经济规模与产出水平因素影响。

第五章　新农村建设中资源环境与经济增长和谐演进的内在机理与路径研究

　　新农村建设的中心环节是生产发展,关键是农村经济增长。经济增长不仅是我国新农村建设的物质基础,也是资源环境系统保护的物质基础。从资源、环境与经济增长之间的相互关系来看,短期内存在对立,而长期中则具有统一的辩证关系。一方面,经济增长依赖于生产资源或要素的不断投入,生产要素的投入数量受资源与环境的内在约束。根据能否再生,自然资源可分为两大类:不可再生的耗竭性资源与可再生类资源。对于不可再生的耗竭性资源而言,其总量是有限的。随着这类资源的不断开采与使用,无论其总量多大,最终会耗尽,从而使得经济增长成为不可持续,这类资源对经济增长形成硬性约束。对于可再生类资源,由于资源再生时间要求,其再生能力和再生速度存在一定的限制,过度与过快使用这类资源,将对经济长期增长产生制约作用。因此,在经济增长与资源环境间存在彼此对立的一方面。另一方面,资源环境和经济增长又存在统一的一方面,这体现在:第一,经济的增长往往伴随着技术的进步和知识的增加,而技术的进步与知识的不断累积可以为资源高效率的利用提供技术物质支持,促进资源环境系统的平衡;第二,经济增长不仅取决于投入资源的数量,更取决于投入资源的质量。一般而言,自然资源与生态环境较好的地区,其经济发展速度往往较高,自然资源与生态环境相对较差的地区,增长速度一般也相对较低。这样,在经济增长、资源与环境间就存在良性累积的循环效应:经济增长促进资源环境的均衡,资源环境能促进经济的更快增长和持续增长。因此,在经济增长与资源环境系统二者之间,既不能把二者等同也不能把二者割裂,既不能只求经济增长而不顾资源环境也不能只强调资源环境而放弃经济增长,应使二者相互协调、和谐演进。在我国这样一个正处于发展中的大国,在新农村的建设中,更应当促进资源环境与经济增长这两者的协调发展与和谐演进。

一、文献综述

自工业革命发生以来,技术进步使得人类利用资源发展经济的能力越来越强,资源对经济的重要性日益凸显。同时,随着资源在生产过程中的不断消耗,由此产生的污染问题也日趋严重。1972 年,以梅多斯等为代表的罗马俱乐部出版了《增长的极限》,引起了西方世界的震动。在他们构建的模型中,自然资源的消耗以及环境的污染以指数函数增长,按照这样的速度,人类将很快耗尽地球上的资源储量,并且由于环境污染,导致整个世界经济崩溃。虽然这一结论过于悲观,但由此引起了人们对经济增长的可持续性、资源和环境对增长的制约等诸多问题的质疑和讨论。经济学者和相关决策者也开始关注环境污染的防治以及资源的可持续利用问题。

(一) 国外研究文献

将新古典增长理论与自然资源相联系的研究,最早出现于 20 世纪 70 年代初期。Dasgupta 和 Heal 将资源作为一种生产投入引入拉姆齐模型,考察资源消耗和经济增长的关系。Pezzey 和 Withagen 将资源作为一种资本投入并引入技术外生的增长模型,得出消费的增长路径是"单峰"的不存在平衡增长的稳定状态,即随着不可再生资源的耗竭,消费的增长率先增加,在某个时间点达到最大值(峰值)后开始下降,经济不可持续。Stokey 在外生的经济增长模型中纳入对环境污染的考察,探讨技术进步与经济可持续增长的关系,发现人均收入与环境质量之间存在着倒 U 形关系。

新古典增长理论的缺陷就在于将技术进步视为外生变量,并没有对技术进步做出合理的解释,导致其研究结论的悲观。为了克服新古典增长模型的缺陷,与环境保护相结合的内生增长模型孕育而生。内生增长模型中考虑了自然资源的使用、贴现率的影响、资源的枯竭和环境成本等因素,分析了资源消耗、政府政策与经济增长之间的互动关系。Smulders 和 Gradus 认为,环境是维护生态安全、经济增长和社会可持续发展的重要因素。它不但会影响生产函数,也会影响代表性家庭的效用函数。Bovenberg 和 Smulders 认为环境污染对消费者效用函数产生影响,并纳入 Lucas 的人力资本模型中,发现投入要素(实物资本和人力资本)的积累及经济增长不会因为环境污染的存在而受到影响。而环境保护虽然因为挤出效应而不利于实物资本的累积,但可以改善劳动者的学习能力,提高人力资本的生产率,增加了实物资本的生产率。环境保护的这两种正面效果足以抵消其所带来的负面影响。所以经济增长不仅不受影响,而且还有可能得到提高[7]。

(二)国内研究文献

国忠金、马晓燕等(2010)利用 Romer 的研发内生经济增长模型,考虑到有形资本与研发资本的不同,将环境质量的污染强度、非再生资源开采流量纳入生产函数中,引入含消费与生态环境质量的双变量效用函数,构建在能源、环境约束下含有研发创新驱动内生经济可持续增长模型。通过解优化问题变量的增长率表达式,讨论了在资源与环境约束下研发创新对经济可持续增长的作用。黄菁(2010)通过两个不同经济增长模型,考察了环境污染、人力资本和经济增长的内在关系。他认为要使经济增长具有可持续性,就必须增加人力资本的积累,实行严格的污染排放标准,提高全社会的环境保护意识,促进环保型生产技术的进步。利用中国数据进行检验,表明中国的环境状况随着经济的发展进一步恶化,污染物排放已经威胁到中国经济的长期增长。彭水军、包群(2006)构建了一个产品种类扩张型的四部门内生增长模型,将存量有限且不可再生的自然资源引入生产函数。通过对模型的均衡求解,给出了平衡增长路径的经济增长率以及均衡解存在的充分性条件,系统地探讨了在人口增长、自然资源不断耗竭的约束条件下内生技术进步促进长期经济增长的动力机制,并通过平衡比较静态分析,讨论了各经济变量以及经济环境参数的变化对稳态增长率的影响效应及其作用机制。

其实,在资源、环境与经济增长三者之间,既存在相互依赖又相互制约的复杂关系。经济增长离不开资源的投入,资源的投入必然产生污染物,对环境产生负面影响。环境的破坏一方面使经济的长期增长受到影响,增加了生产的长期成本。另一方面又影响消费者的效用满足,甚至给消费者带来负的效用。资源的稀缺确实使经济的产出减少,但经济要素的丰裕也未必就一定带来经济的高增长。世界上一些资源丰裕的国家的经济发展并不是很理想。从已有的研究成果来看,对资源、环境与经济增长三者之间的复杂关系和相互作用机制的分析,还存在薄弱之处,尤其是对三者之间怎样才能和谐演进,缺乏深入的探讨。我们试图在对资源、环境与经济增长三者相互关系的深入分析基础上,探讨三者和谐演进的内在机理,并运用蛛网理论的思想,探讨这三者在偏离均衡的最优状态时如何回到最优的均衡状态,即和谐演进的最优路径问题。

二、新农村建设中经济增长推动资源利用与环境保护的作用机理

美国经济学家 S. 库兹涅茨认为“一国经济增长,可以定义为居民提供种类日益繁多的经济产品的能力长期上升,这种不断增长的能力是建立在先进技术以及所需要的制度和思想意识之相应调整的基础上的。”这一定义包括三层基本含义:第一,经济增长的集中体现与结果是国民生产总值的增加;第二,技术进步是实现经济增长的必要条件;第三,实现经济增长还需制度和思想意识的相应调整。经济增长依赖于技术进步,技术作为一种生产要素投入,与劳动、资本等要素一样,都在产品生产中发挥作用。资本与劳动这两种生产要素,随着投入数量的不断增加,其边际报酬或边际产量呈递减趋势,但技术这种生产要素与资本和劳动不同,其边际报酬往往不是递减,而呈报酬递增趋势。

经济增长既依赖于技术进步,又能进一步促进技术的进步,加速知识的产生和积累。新古典经济增长理论在解释经济长期增长时,将储蓄率、人口增长率和技术进步等重要因素视为外生变量,将这些因素视为经济增长的动力而不是经济增长的后果。其实,无论是人均储蓄率、人口增长率还是技

术进步,不仅是经济增长的动力也是经济增长的后果。内生增长理论通过将技术进步内生化,而不是像新古典经济增长理论那样将技术进步外生给定,把技术进步只视为经济增长的动力而不是经济增长的后果,从而进一步解释了技术进步与经济增长之间存在的相互作用。

(一)经济增长、技术进步与资源利用效率

现代经济增长的一个突出特征就是技术在生产过程中发挥的作用越来越重要。经济的增长又进一步促进了技术进步,加快了知识的生产与积累。技术进步与知识的快速增加能够提高资源利用效率。资源利用效率提高,意味着对于既定的产出水平所需投入的资源数量能够不断减少,或者投入的资源数量能够带来更大的产出。这样,对于生产中投入的可再生类资源,资源利用效率的提高,既可为这类资源的再生留出足够的时间,又可维持稳定增长,克服这类资源再生的时间和速度要求而对经济长期增长产生的制约作用。对于可耗竭性资源,资源利用效率提高也可延缓这类资源的耗尽,在一定程度上可降低这类资源对经济长期增长的制约程度。并且,随着技术的不断进步,人类知识的不断累积,人类有可能寻找到可替代这类耗竭性资源的其他资源。这样,经济增长带来技术进步,技术进步提高资源利用效率,进而推动资源保护与利用。因此,经济增长通过技术进步提高资源利用效率,从而解决经济增长中的资源约束。这一作用过程如图5-1所示。

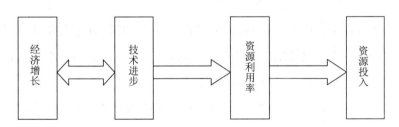

图5-1 经济增长突破资源约束的作用过程与机理

(二)经济增长、技术进步与生态环境保护

EKC 是美国经济学家 Grossman 和 Kreuger 在 1995 年提出的关于经济增

长和污染水平之间的关系呈倒 U 形的曲线。根据 EKC,经济发展可划分为三个阶段:第一阶段,经济活动低水平阶段,此时,污染水平较低;第二阶段,经济起飞阶段,此时,技术水平较低,资源消耗大且利用率低,产生的环境污染量大;第三阶段,经济平衡发展阶段,在这一阶段,技术水平进入较高层次,资源的利用效率提高,清洁生产技术广泛使用,经济结构转变,污染产业停止生产,人们环保意识增强,环境污染水平下降。虽然 EKC 是对全球 66 个国家的经济增长与污染的统计资料得出的经验曲线,并不是经济发展中的必然现象。但至少说明了保护生态环境的根本在于经济发展与经济增长。经济增长对生态环境的作用体现在至少以下几个方面。

第一,经济增长带来技术进步,减少污染总量的产生。正如前面的分析,经济增长往往伴随着污染的增加,也带来了技术的进步。经济体产出是主要的污染源。除了产出这一主要因素外,政府对环境的控制、环境的自身净化能力也是影响污染水平和环境质量的另外两个因素。考虑这三个因素,污染物排放的变化情况即环境质量可表示为:$\dot{E} = Y_t^b z^{-\gamma} - \theta E$。这里,$Y$ 代表产出,z 代表政府控制污染弹性,对污染控制程度,θ 代表环境自身的净化能力,b 代表污染物的产出弹性,b 越大,则污染物量越大,b 越小,则污染物量越小。事实上,b 可以反映生产中的清洁技术水平,生产中使用的清洁技术水平越高,则污染物的产出总量就越小。经济增长导致的技术进步可以带来更清洁的生产技术,从而减少生产过程产生的污染物总量;另一方面,技术进步提高资源使用率,在同样的产出水平上,资源的使用量得以减少,资源使用量的下降也就减少了潜在污染物发生量,降低了污染水平。这样,经济增长通过技术进步促进了环境保护。

第二,经济增长为环境保护提供物质基础。经济增长需要资源要素的不断投入。由于技术方面的限制,所有投入不可能全部转化为经济成果,必然有部分投入会成为废弃物而排入到自然系统中,影响到生态系统与环境保护。随着人类活动范围的不断扩大与活动强度的不断增强,加强对生态平衡与环境保护是人类得以生存与发展的前提。但环境保护是以大量的资金支持为基础的。环保所需的大量资金与环保设备,只有在经济增长的基础上才能得到保证。在一个连基本生存都难以得到保证的条件下去谈环境保护是一种奢侈,事实上也不可能。按照联合国专家们的观点,发达国家环保费用占 GNP 的比重应达到 1%～3%,发展中国家以 0.5%～1% 为宜。发展中国家的环保费用之所以低于发达国家,就是因为环保是一项高投入的事业,需要有雄厚的经济基础,发达国家能够为其环境保护提供大量的资金、设备、技术人员。

第三,经济增长有利于提高人们的环境意识。按照美国著名心理学家马斯洛提出的需求层次理论,人的需要分为生理需要、安全需要、社交需要、尊重需要和自我实现需要五类,依次由较低层次到较高层次排列。马斯洛需求层次理论认为人人都有需要,只有当某层次的需要获得满足后,另一层次的需要才表现出来。在多种需要未获满足前,首先满足最迫切需要,在该需要满足后,后面的需要才显示出其激励作用。一般来说,某一层次的需要相对满足了,就会向高一层次发展,追求更高一层次的需要就成为驱使行为的动力。在经济落后、人们的生活水平较低的时候,人们最为关心和重视的是生存,这时还不会对环境给予足够的重视和关心。当经济发展到一定程度,生活水平提高了,能够吃饱穿暖,基本的生理需求得到满足了,人们才会去追求更加健康舒适的生活。这时,人们才会去关心自己生存与消费的环境。因此,环境保护的意愿是和经济发展水平密切相关的。经济越发达,人们对环境的要求会越高,人们就越愿意以更高的代价去谋求一个更高水平的环境质量。这样,经济增长提高了人们的环保意识,就会关心和重视生态平衡与环境保护,从而有利于环境保护。

第四,经济增长带动产业结构转变与升级。经济增长与经济发展既以经济结构的转变为前提,又引起经济结构的调整与产业结构的优化与升级。根据产业结构演进规律,随着经济的增长,产业结构比重会发生变化,第一、第二产业比重不断下降,第三产业比重不断上升。第一、第二产业是以资源的大量投入为基础,一方面消耗了大量资源,另一方面又带来严重的环境污染。第三产业大多是资源耗费相对较少和废弃物产生也相对较少的行业,对环境的影响较小。伴随经济的不断增长和技术的进步,产业结构发生相应的变化,高能耗、高污染、低附加值的产业比重降低,甚至退出,代之以低能耗、少污染、高附加值的新兴产业。

经济增长通过四个途径降低污染总量,促进生态平衡与环境保护,这四个途径一是技术进步和生产过程清洁技术的使用,二是提供坚强的物质基础,三是提高人们环保意识,四是产业结构调整、优化与升级。图5-2更直观地体现了这一作用过程与作用机理。

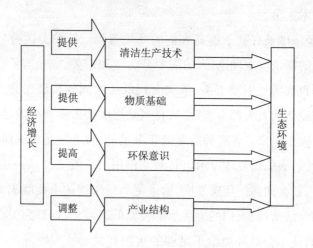

图5-2 经济增长突破环境约束的作用过程与作用机理

三、新农村建设中资源环境促进经济增长的作用机理分析

(一)自然资源对经济增长的作用机理

经济增长本质上是一个投入与产出的过程。按照西方经济学理论,生产过程中的投入即生产要素包括四类:资本、土地、劳动和企业家才能。土地这一要素其实包括一切自然资源,而资本归根到底,也是来自自然资源,只不过是经过人的劳动加工。从本质上说,所有生产的投入就是两大类:一类是人的投入,一类是物的投入。资本与土地可以归入物的一类,劳动和企业家才能可以归入人的一类。在这里,探讨自然资源对经济增长的作用机理,主要不是从投入与产出的角度出发,因为这是一个最基本的事实,要有产出,经济要实现增长,就必须有投入,就必须增加投入。自然资源对经济

增长的作用机理是基于这样一个事实:当今世界各国的经济增长与自然资源状况不尽一样,一些国家经济发展较好,但这些国家的资源禀赋并不优越,自然资源相当稀缺,如日本。而一些国家尽管自然资源比较丰裕,但其经济增长一直较缓慢。问题就产生了:为什么会出现这种情况?自然资源对经济增长的作用机理到底如何?资源的稀缺对经济增长有什么影响?而资源的丰裕又会对经济增长带来什么效应?

1. 资源约束对经济增长的阻尼效应

Nordhaus 在 1992 年将自然资源纳入索洛模型,分别构建了有资源约束和无资源约束的新古典经济增长模型,将由两个模型得到的稳态增长率之差定义为自然资源的"增长阻尼"(Growth Drag),并测算了土地对美国经济的经济阻尼为 0.0024。Romer(2001)基于 C – D 生产函数提出测算经济阻尼的具体方法。构建的模型为:

$$Y_{(t)} = K_{(t)}{}^{\alpha} R_{(t)}{}^{\beta} T_{(t)}{}^{\gamma} [A_{(t)} L_{(t)}]^{1-\alpha-\beta-\gamma}$$

其中,Y 代表产出,K 代表资本,R 代表自然资源,T 代表土地,A 代表知识或技术,并且假设知识与技术是依附于劳动,L 代表劳动。

如果认为自然资源和土地是有约束限制的。土地在长期内数量是固定的,不能增长,故有 $\dot{T}_{(t)} = 0$;自然资源由于在生产中使用而不断降低,假定自然资源的降低率为 b,且 b > 0,则有 $\dot{R}_{(t)} = -bR_{(t)}$。

如果认为经济中不存在资源的限制,也就是说,自然资源与土地均同人口一起增长,即 $\dot{T}_{(t)} = nT_{(t)}$ 和 $\dot{R}_{(t)} = RT_{(t)}$,通过求解平衡增长路径上稳态的人均增长率,可以推导出资源限制与资源不受限制时的人均增长率之差即增长阻尼为:

$$Drag = \frac{\beta b + (\beta + \gamma) n}{1 - \alpha}$$

从增长阻尼的测算公式中,可以发现,为最大限度减少或降低资源限制对经济的影响,应该采取降低资本、自然资源和土地在生产中的产出份额或产出弹性,相应提高技术要素的产出弹性与份额,这一点对于资源约束下的经济增长具有特别重要的指导意义。如果经济增长主要是依赖于资源与资本的投入,经济增长的贡献主要是来自资本、土地及自然资源的话,那么,资源限制的影响就会增大。此外,尽可能减缓自然的耗竭速度,保持一个较低的人口增长率也是减少资源约束影响的有效措施。

2. 资源丰裕对经济增长的诅咒效应

自然资源的投入是经济增长的源泉之一,是经济增长的物质基础。良好的自然禀赋为一个国家或地区的经济快速增长提供先天的有利条件,如果一个国家或地区拥有的自然资源越丰富,经济应越发展。但20世纪中期以来,很多资源丰裕的国家并没有出现经济快速增长的预期现象。相反,这些国家出现了经济增长较为缓慢甚至停滞的局面。这一现象使得人们重新思考资源与经济增长的关系。1993年,Auty提出"资源诅咒"假说,这一命题认为一个地区的资源丰裕度与其经济增长并不是我们通常认为的正相关关系,而是一种负相关关系。对于自然资源丰裕的国家或地区来说,丰裕的自然资源并没有为其经济带来预期的快速增长,反倒是那些资源并不丰裕的国家或地区的经济获得了更高的经济增长水平,这就是资源的诅咒效应。一般认为,产生资源诅咒效应的原因主要在于三个方面:经济结构诅咒、政治制度诅咒与生态环境诅咒。所谓经济结构诅咒主要是指当一个国家或地区的资源比较丰裕时,其经济结构相对单一,容易陷入依赖于这种丰裕性资源的贸易所得的发展路径,但当这种资源的丰裕优势不再或资源消耗竭尽时,经济增长就成为不可持续而陷入发展的困境。政治制度诅咒是指资源丰裕容易导致寻租和腐败行为,弱化制度作用,从而阻碍经济发展。丰裕的自然资源诱使企业家把更多的人力、财力用于去从事寻租活动,从而降低了技术创新的投资数量与从事生产活动的人员数量,从而导致经济发展缓慢甚至出现停滞。资源丰裕的生态环境诅咒是指资源丰裕的地区其生态环境恶化更快,从而给经济的可持续发展带来较大的破坏作用。

因此,自然资源对经济增长的作用与影响并不是如我们所想象的那么简单:资源丰裕就一定会有高的经济增长速度,自然资源对经济增长的作用就只有单纯的促进作用。假定有两个国家,这两个国家除在自然资源方面存在区别外:一个是自然稀缺,另一个是自然丰裕,其余任何方面都相同。

在这样的假设下,我们可否得这样结论:自然资源丰裕国家的经济增长速度就一定高于自然资源稀缺国家的经济增长速度呢?显然不能这样简单地得出这样的结论。但就同一个国家,假设存在资源稀缺与资源丰裕两种情况,不考虑政治、意识、制度等方面的因素,那么,经济增长就会产生差异,自然资源稀缺对经济增长产生制约影响。

(二)生态环境对经济增长的作用机理

生态环境(Ecological Environment)是指与人类密切相关的,影响人类生活和生产活动的各种自然(包括人工干预下形成的第二自然)力量(物质和能量)或作用的总和。一般来说,环境具有四种功能:第一是提供人们所必需的生活资料的功能;第二是作为资源供应者的功能;第三是作为废料接受者的功能;第四是提供人类活动空间布局的功能。因此,自然环境不仅决定着人的生理发展的条件,而且也是社会再生产过程的物质基础(熊盛文,1983)。人类的生产活动是一个不断从自然环境中获取生产所必须的资源,又向自然环境中排放人类所不需要的废弃物的过程。自然环境是经济增长或经济发展的最根本基础。良好的生态环境降低生产过程中的成本,为经济长期增长提供持续支持。人类的物质生产主要是第一产业与第二产业,第一产业的发展主要是依赖于良好的生态环境。生态环境好,不仅可以大大提高第一产业的产量,而且为此付出的成本也将大大减少。对于第二产业来说,发展基础是第一产业,第二产业中的投入大都是来自于第一产业,生态环境的优劣也就间接影响到第二产业的发展。不仅如此,良好的生态环境也可降低第二产业的生产成本。如第二产业中对可再生类资源的使用,生态环境平衡为可再生类资源的再生提供一个较好的再生环境,使这类资源再生时间和再生速度能够满足第二产业发展的需要,从而为第二产业的发展提供长期支持。更具体地分析,生态环境对经济增长的作用体现在如下方面:

第一,保护生态环境可以减少经济发展的长期成本。经济活动存在着短期成本和长期成本。虽然加强对污染的控制,保护生态环境可能会增加短期内的成本,但从长期来看,加强对生态环境保护,一个良好的平衡的生态环境能够减少经济的长期成本。假定国民收入分为生产性积累基金、消费基金和环境保护费用这三项(熊盛文,1983),那么在国民收入总量为一定时,用于环保的费用越多,则用于生产性积累和消费的数额就越少。短期内,当过大的环保费用的增加部分主要从生产性积累基金中扣除时,它必然会使经济增长速度放慢,从而影响下一时期国民收入的总量,也限制了下一时期增加环保费用的可能性。当过大的环保费用的增加部分主要从消费基金中扣除时,就必然会影响到计划期人们物质产品和劳务的消费量,这也会挫伤人们的生产积极性,对下一计划期的国民收入产生消极的影响,从而也限制了下一时期增加环保费用的可能性。这就是环保费用过大和经济发展的矛盾。但是从一个较长时期来看,由于环境破坏具有不可逆转的特点,在一个较短的计划期内环保费用过低,必然会加快环境破坏的速度,使累积的环境损害值加大。由于治理累积的环境损害的费用要大大高于防治刚产生的环境破坏的费用,这样把一个较长的计划期作为整体,环保费用的总量反而更大,而且会引起后续时期经济发展的大幅度下降和波动。

第二,保护生态环境可以保证经济发展需要的资源,实现可持续发展。环境系统为我们提供了生产与生活的物质资料。自然资源是任何生产的必要条件,是形成任何产品的必要材料。自然资源按其性质可分为三类:再生资源(如生物资源、土地资源、水资源等)、非再生资源(如矿产资源)、生态环境资源(如阳光、风力等)。根据目前的认识水平,除了生态环境资源外,生物资源、土地资源等和非再生资源都可能消耗殆尽。对于环境保护,我们不能把它看成是游离于正常经济生活之外的一项活动。环境保护存在于人类生产活动的全过程。环境保护是生产和消费过程中的重要环节,建立"资源—产品—废物—再生资源—再生产品"的循环生产新模式,彻底改变传统的"资源—产品—污染排放"的单向线性模式和"先污染,后治理"为特征的末端治理模式,可以解决经济高速发展和环境日益恶化之间的矛盾,推动经济向良性方向发展,提高经济运行效率,充分利用环境资源,保持经济健康、快速、持续的发展。

第三,保护生态环境存在正的外部效用。人类已经清醒地认识到,生态环境问题给社会、经济、政治的发展带来严重影响。现在,自然灾害频频,带给我们的不仅是财富的损失,更是生命的巨大损失。面对自然界的报复,人类是显得多么的无奈和无助。生态环境的不断恶化增大了自然灾害发生的可能性,并且使自然灾害所造成的经济损失更大。良好的生态环境意味着自然灾害发生的可能性大大降低,也意味着能为人类提供更丰富的资源,并且能为人们提供舒适的生存空间。一个良好的环境对人的生活的影响是多方面的。首先,良好的环境不会有这样或那样的污染因子,有益于人的身体的健康;其次,一个良好的环境,会使人感到舒适、轻松,不会感到压抑和沉闷,我们的效用水平不仅来自物质产品的消费,而且也取决我们消费的环境。保护生态环境正的外部性的另一个表现就是优美的环境是吸引外来投资的一个重要影响因素。一个良好的投资环境自然包括一个良好的生态环境质量。良好的环境质量是内引外联、吸引投资、发展经济的一个重要筹码。

第四,保护生态环境可以提高农产品质量,增加农民收入。农业生产和自然环境密切相关。良好的生态环境意味着有清洁的空气、干净的水源、没有污染的土壤等,这些都是产出高品质农产品的必备条件。我们所要建设的新农村不仅仅是经济发展的新农村,而且是环境优美的新农村。为了切实保护生态环境,就应在农业生产中尽量减少农药、化肥的使用,给农作物营造一个绿色的生长环境。现在,高品质的无污染绿色农产品很受人们的欢迎,这类产品价格比一般农产品价格要高很多,既能有效保护生态环境,又是提高农民收入的良好途径。

第五,保护生态环境是新农村建设的主要目标之一。新农村建设目标是把我国农村建设成为经济繁荣、设施完善、环境优美、文明和谐的社会主义新农村。优美的环境是建立在对生态环境的保护基础之上。人类生存至少在三个环节上对生态环境产生负面影响:第一,人类的经济活动需要不断地从自然界索取生产必需的各种资源,从而影响自然的生态平衡;第二,由于知识和技术的限制,在产品生产过程中,全部投入中总有一部分会以废弃物的形式排放到自然中去,进而影响生态环境,第三,人类对各种产品的消费行为在一定程度上也影响生态环境,如汽车的尾气排放、各种生活垃圾等。农业是弱质性产业,农业生产对生态环境的依赖性较强。在我国,大部分农村地区生态环境脆弱,生态平衡能力较差。因而,农村生态环境保护对于社会主义新农村建设具有特别的意义。

四、资源环境与经济增长和谐演进的路径分析

上面分析表明,在自然资源、环境保护与经济增长之间,存在相互制约、相互影响的复杂关系,三者应保持均衡与和谐。既不能只为了经济增长,而不考虑生态平衡与环境保护,也不能只为保护环境而放弃经济的增长;自然资源的稀缺约束对经济长期增长产生限制,但自然资源的丰裕也可能由于资源的诅咒效应而不利于经济的长期增长。那么,怎样才能使资源、环境与经济增长三者达到最优组合,和谐演进? 和谐演进的具体路径又是怎样?

(一)资源环境与经济增长和谐演进:一个动态均衡的分析

蛛网理论是 20 世纪 30 年代出现的一种关于动态均衡分析的微观经济理论,运用弹性理论考察某些产品(特别是农产品)的价格波动对其下一个周期产量的影响。由于本期价格对下期产量影响所产生的均衡变动图形形若蛛网,故称为"蛛网理论"。按照产品的需求弹性与供给弹性的相对大小,蛛网模型可分为收敛型、发散型和封闭型三种。收敛型蛛网是,当产量与价格在市场受到干扰而偏离原有的均衡状态后,如果该产品的供给弹性小于需求弹性,那么实际价格和实际产量会围绕均衡水平上下波动,并且波动的幅度越来越小,最终回归到原来的均衡状态。

资源环境与经济增长能够和谐演进的基础就在于资源的耗竭速度、环境质量与经济增长速度三者保持一种和谐的状态,也就是经济系统存在资源、环境与经济增长三者之间均衡的最优状态,这一均衡最优的含义包括自然资源的耗竭率能够足以维持经济在长期中的增长和环境质量与经济增长水平相适应,即环境质量的提高不以经济增长速度为代价,经济增长不以环境污染为前提。从资源的投入来说,实现这一均衡的最优状态需满足两个条件,一个是资源投入的增长速度处于递减,因而可以保证经济的长期增长对耗竭性资源的依赖,另一个是资源的投入能够保证由于人口的自然增长

对社会物质产品的需求;从环境质量来说,这一均衡的最优状态并不是环境
质量的提高与改善以经济增长为代价,或者说经济增长以环境污染为代价,
而是经济增长与人们的环境偏好及环境质量相适应的一种状况。在短期,
人们对环境与物质的追求往往存在一定程度的对抗,单纯地追求环境质量
而不考虑经济的增长和人的物质追求,这样的环境质量也是没有多大意义
的。在现代工业文明前,人类社会就是这样一种状况,那时环境质量好,但
人的物质生活水平十分低,人的效用满足程度并不高。但如果只追求物质
生活的提高,而不兼顾人类生存消费的环境,人的效用满足程度同样也不
高。因而,在均衡的最优状态,环境质量水平同时考虑了人们对物质生活的
追求和对环境质量的追求。更严格地说,这一均衡的最优状态就是资源、环
境与经济增长三者之间达到和谐的一种状态。

社会总是在人们对最优行为的选择中发展,经济也是在微观经济主体
行为的最优选择中增长。经济必须不断地增长,才能使人的欲望得到满足,
才能使自然增长的人的基本需求得到满足。人类在消费物质产品的同时,
也在消费所生存的环境,其效用水平不仅来自于所消费的产品也来自于所
消费的环境质量,高水平的环境质量提高了人的效用水平,而低质量的环境
带来负的效用,降低了人类的福利水平。当科学技术、环境意识等前提具备
时,资源投入、环境污染的控制、经济的稳步增长这三者完全能够达到一种
最优状态,资源环境与经济增长即能和谐演进。

从动态的角度分析,在资源使用量、环境质量与经济增长速度三个变量
中,本期的经济增长速度取决于本期资源的投入数量,而本期的环境质量是
由于环境污染物排放的结果,排放的污染物越多,在环境的自身净化能力不
会发生大的变化时,环境质量就会越恶化。不考虑技术因素的影响,投入的
资源数量越多,则产出就越大,经济增长速度就越高;投入的资源数量越多,
产生的污染和废弃物也相应越多,环境质量相应就越差。环境系统具有自
身净化能力,这一能力的作用需要时间,假设这一时间为一个生产周期。因
此可以这样认为,本期的经济增长速度决定下期的环境质量。如此一来,就
可以利用蛛网理论的思想来对资源、环境与经济增长的动态均衡进行分析。

从消费效用的角度来看,效用来源于两种消费,一种是从产品的消费

看,消费的产品越多,则获取的效用也就越多;另一种是对环境的消费,环境质量水平越高,则从环境的消费中得到的效用也越高,环境质量水平越低,得到的效用越低,甚至获得的是负效用。当人们的物质生活水平处于较低状态时,环境消费所带来的效用水平也相对较低,而当人们的物质生活水平达到较高程度时,环境消费所带来的效用水平也相对较高。事实上也是如此,在现代工业文明出现前,那时人类所处的自然环境较好、环境质量水平较高,但由于社会经济增长较缓慢,社会物质产品相当稀缺,人们的生活水平相当低,因而整个社会的福利水平并不高,此时的环境质量对社会的福利状况的意义并不是特别重要。只有当物质生活水平达到一定程度时,才会追求消费的环境质量。边际效用递减规律表明,随着某种消费物品数量的增加,其所带来的边际效用是不断递减的。经济的增长为人们带来更多的物质产品消费,这种物质产品的消费为人们所带来的效用增加是不断减少的。经济增长所导致的环境质量的下降,由于人们高质量的环境消费数量不断减少,所损失的边际效用则会不断增加。这就表明,经济增长应与环境质量相适应,才能使效用达到最大。因此,资源环境与经济增长和谐演进的实现就是资源投入、环境污染或环境质量与经济增长三者保持最优的组合状态,这一状态在长期中就是一种均衡。这一均衡状态就是图 5 - 3 所示的 K 点,在该点处,资源投入能够保持经济增长的速度,而经济增长也并不导致环境污染,环境质量也不是以环境为代价而得到提高的。只有在这样的一种状态时,资源环境与经济增长才能实现真正意义上的和谐演进。

我们以横轴表示经济增长,纵轴表示环境质量和资源投入数量,E 线表示环境质量与经济增长速度之间的关系:经济的高增长速度依赖于资源的大量投入,资源的大量投入往往产生更多的污染,导致环境质量水平下降,因而,经济增长速度与环境质量呈反向关系,其斜率表示环境质量对经济增长的敏感程度,斜率越大,表明经济增长的环境质量弹性越小,或者说,就是经济增长的幅度要远大于环境质量下降的程度或者说经济的快速增长并不导致环境的急剧恶化。R 线表示经济增长与资源投入数量之间的关系:资源投入越多,相应的经济增长速度就越高,因而在经济增长速度与资源投入之间呈正向关系,其斜率表示投资投入对经济增长的敏感程度,斜率越小,表明经济增长的资源投入弹性越大,更通俗地说,就是资源投入的增长幅度远小于经济增长幅度,或者说经济的快速增长并不需要资源投入的很大幅度的增加。

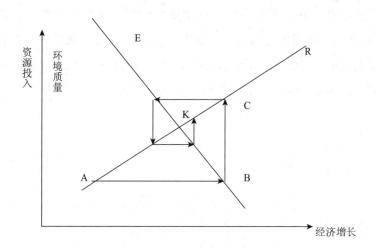

图5－3　资源投入、环境质量与经济增长的收敛型蛛网模型图

　　假定经济系统偏离最优均衡状态,三者组合不在图5－3所示的K点处,而是位于A点处。在A点,由于资源使用数量少,因而经济增长速度较低,但也由于资源投入较少,产生的污染物也相对较小,环境质量水平较高(对图5－3,需要说明的是,由于是在一个二维平面上反映资源投入、环境质量与经济增长三者的状态,每一点实际上有三个坐标值,横、纵轴上有两个值,另一个值需要通过该点向另一条线作垂线,其值为对应交点的横、纵坐标值。比如说A,A点在R线上,但A点的环境水平要通过向E线作垂线后的交点才能得出,此时,A点对应的环境水平较高。以下的B、C等都如此)。因此,A的状态为较少的资源投入、较低的经济增长速度,但相应的环境质量水平却较高。这时,虽然能从较高质量的环境中获取一定的效用,但由于经济增长速度较低,人们能够消费的物质产品过少,物质追求不能得到满足,最终得到的总效用并不是最大。因此需提高经济增长速度。为使经济增长,就得增加资源投入的数量,由于资源投入的增加,使得本期的经济增长达到B点,经济增长也使得环境质量水平下降,在B处,虽有较高的经济增长速度,但

环境质量水平较低。由于 B 的环境质量大大低于均衡的环境质量状况,为人们所不能容忍,因此需改善环境,提高消费的环境质量。要使环境质量状况得到改善,必须减少资源投入数量,降低经济增长速度。假定调整至 C 点,在 C 点,环境质量得到提高,但经济增长速度变小。此时,虽然从环境质量的消费中得到的效用提高,但由于经济增长放慢了,从物质产品中获得的效用相对减少了,总效用依然没在达到最大,需要继续调整,如此下去,最终达到三者的最优组合状态,实现均衡,这一调整过程体现在图 5-4 上。

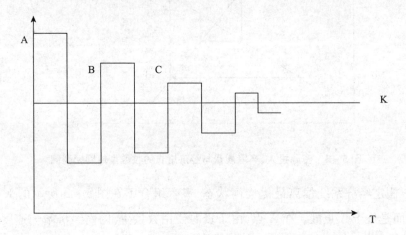

图 5-4 资源投入、环境质量与经济增长三者组合动态调整图

那么,在什么样的条件才能实现这个均衡呢?根据收敛型蛛网条件,当资源环境与经济系统偏离均衡状态时,能够实现经济系统最优均衡状态的条件,那就是环境质量对经济增长的敏感程度要小于资源投入对经济增长的敏感程度。根据前面的分析,这一实现条件就是经济的较快增长不导致环境质量水平的大幅下降,并且也不需要资源投入的大量增加,此时的经济增长是一种高质量的增长方式,这一方式的特征就是资源投入效率高,污染物产出率低。

(二)资源、环境与经济增长和谐演进的路径选择

根据上面分析的实现经济系统最优状态的条件可以得出资源环境与经济增长和谐演进的路径,这一路径就是较少的资源投入,能够带来较快速的经济增长,但较高的经济增长速度并不会使环境质量水平出现很大程度的下降,不以环境的恶化作为代价。较少的资源投入要求带来快速的经济增长,换句话说,也就是资源投入产出效率大,而提高资源投入的产出效率的根本途径就在于依赖技术的不断创新与进步,依赖于知识的不断生产和积累。经济增长不以环境质量的大幅下降为代价,必然要求生产过程中使用更清洁的技术,实行更加严格的环境治理与监管,不断减少污染物的产生和累积,使得环境质量水平在经济的快速发展中不至大幅下降,从而实现资源环境与经济增长的和谐演进。

第三篇

经验（实证）研究

第六章　新农村建设中经济增长与
环境质量的经验研究

社会主义新农村建设不但要改变我国农村居民的生产生活方式和精神面貌,还要改变各地农村的村容村貌。前者主要体现在农村居民物质生活条件的改善和农村风气的改善,后者主要表现为农村环境质量的改善。农村居民物质生活条件的改善依赖农村经济的发展,农村环境改善来自于对农村现行环境的治理和农村环境的保护。

农村经济的发展与农村环境质量之间存在着密切的联系。农村的经济发展最直接的度量方式就是农村居民收入水平的高低。现阶段农村居民收入水平主要取决于两个方面:第一,农村农产品产出水平及其市场价格;第二,农村工业经济发展规模和质量①。从我国农村农业发展阶段来看,目前仍然处于传统农业阶段,对化肥、农药等化学品的依赖性很大。尽管正确使用农用化学品对提高农产品产量、提升农业产值、提高农民收入具有重要作用,但是我国农药、化肥在过量的施用过程中,所产生的农业污染问题也不应该被忽视。伴随我国农村经济的发展,农业增长、农民收入水平提高与农用化学品的投入之间是一种什么样的关系?表现出一种什么样的宏观趋势?农村农药化肥投入量与农村环境质量之间又是什么关系?这一系列的问题值得深入探讨。随着我国工业化进程的不断深入,工业发展和布局的重心已经由沿海城市转移到内地城市,工业企业选址也已经由城市转向农村。这一鲜明的变化特征,让我们看到的事实是:一方面工业的农村化使得

---

① 这里没有将农村服务业考虑进去,主要原因是现阶段农村服务业发展仍然比较滞后,对绝大多数农村居民而言,农村服务业不是其主要收入来源。

我国农村居民获得了新的收入来源,迅速提高了农民收入水平;另一方面就是农村工业在自身规模、员工素质、制度环境等众多因素的影响之下,给我国农村环境带来了深远的影响。究竟这种影响,是好是坏? 又或是经济发展过程中必经之路? 这些都值得探讨和说明。通过本章的经验研究将针对以上问题做出相应的回答。

20 世纪 90 年代,经济学家提出的环境库兹涅茨曲线(Environmental Kuznets Curve,EKC)为本章提供了理论基础。Grossman 和 Krueger(1991)第一次实证研究了环境质量与人均收入之间的关系,随后大量的专家和学者通过选取不同的环境污染指标,检验经济增长与环境污染之间是否符合倒 U 形的曲线关系,并由此推动了环境经济学领域实证研究的迅速发展。最早期的实证研究主要采用包含人均收入平方项或立方项的简约式方程来研究收入水平和环境质量之间的长期关系,后来研究被进一步的拓展到贸易领域。由于贸易自由化促进各国的经济增长发挥了重要作用,特别是在中国,人们普遍认为贸易是推动经济增长的三驾马车之一。经济学家从理论和实证两个方面对此进行了大量的研究,并且形成了一系列有影响力的理论和一些规律性的结论。这些理论和实证分析为本章的研究提供了技术路线和理论基础,然而本研究又不同于先前的文献所研究的内容,本章主要考察中国农村经济发展中的环境质量问题,主要从农业、农村工业的角度来分析这一问题。目前,针对环境库兹涅茨曲线的研究大多集中在工业领域,农业领域这一方面的研究文献相对较少。下文首先介绍有关环境库兹涅茨曲线的研究发展脉络,以及部分农村环境质量和农村经济增长方面的文献;然后考察我国农村经济发展与环境质量之间的关系;最后总结出规律性的结论,并提出政策建议。

一、文献综述

环境库兹涅茨曲线理念一经提出,就引起了学者的广泛关注,随后大量的研究者从不同角度验证选定的环境质量指标与收入之间是否存在倒 U 形的关系,也计算出转折点所对应的收入水平,并对曲线存在的原因进行解释。这一方面有影响力的研究综述主要有 Stern *et al.*（1996）、Panayotou（2000）、Dinda（2004）、陈东和王良健（2005）、原毅军和张放（2011）、陆旸（2012）。

环境库兹涅茨曲线是通过人均收入与环境污染指标之间的演变模拟，说明经济发展对环境污染程度的影响，即在经济发展过程中，环境状况先是恶化而后得到逐步改善。一些研究试图解释环境库兹涅茨曲线的存在。多数的经济学家从经济规模、经济结构、技术水平角度进行分析。正如 Grossman（1995）所说的，一个发展中的经济，需要更多的资源投入。人均收入的不断增长意味着经济规模变得越来越大，即产出将有大幅度的提高，那么这意味着废弃物的增加和经济活动副产品——废气排放量的增长，从而使得环境的质量水平下降，这就是所谓的规模效应。随着收入的变化，显然经济结构也将随之产生变化，而在不同的经济结构下污染水平是不一样的。Panayotou（1993）指出，当一国经济从以农耕为主向以工业为主转变时，环境污染的程度将加深。因为，伴随着工业化的加快，越来越多的资源被开发利用，资源消耗速率开始超过资源的再生速率，产生的废弃物数量大幅增加，从而使环境的质量水平下降；而当经济发展到更高的水平，产业结构进一步升级，从能源密集型为主的重工业向服务业和技术密集型产业转移时，环境污染减少。实际上，在产业结构升级的过程中也包含了技术的作用。首先，产业结构的升级需要有技术的支持，而技术进步使得原先那些污染严重的技术被较清洁技术所替代，从而改善了环境的质量。其次，新的产业结构又有利于一些新环保技术的产生，而这些新技术的运用，能够极大地改善环境质量。这样，在第一次产业结构升级时，环境污染加深，而在第二次产业结构升级时，环境污染减轻，从而使环境与经济发展的关系呈倒 U 形曲线。

还有一些经济学家从环境服务的需求与收入的关系进行说明[①]。这种解释实际上是将环境质量作为一种商品看待，从收入与需求的角度进行分析，也就是说随着人们收入水平的提高，消费者将会提升对环境商品的需求（Selden and Song，1994；Baldwin，1995；Roca，2003）。通常认为在经济发展初

---

① 此处的环境服务是指环境所提供的服务，也就是环境舒适性，它包括环境质量。

期,对于那些正处于脱贫阶段或者说是经济起飞阶段的国家,人均收入水平较低,其关注的焦点是如何摆脱贫困和获得快速的经济增长,再加上初期的环境污染程度较轻,人们对环境服务的需求较低,从而忽视了对环境的保护,导致环境状况开始恶化。此时,环境服务对他们来说是奢侈品。随着国民收入的提高,产业结构发生了变化,人们的消费结构也随之产生变化。此时,环境服务成为正常品,人们对环境质量的需求增加了,于是人们开始关注对环境的保护问题,环境恶化的现象逐步减缓乃至消失(Panayotou, 2003)。

虽然理论解释没有较大的突破,但是研究者将该理论研究的实证分析大量推广,取得了较好的成绩,并产生了一系列的研究成果。一些学者将该理论深入应用于国际贸易领域,认为国际间的产业分工是产生这一倒 U 形曲线的一个重要因素,贫困发展中国家主要从事污染或资源密集型产业生产,富裕发达国家主要从事清洁的或者服务型产业(Martin 等,1997),由此也形成了两个非常著名的假说,即污染者天堂假说(Pollution Heaven Hypothesis,PHH)和向底线赛跑假说(Race to the Bottom Hypothesis)(Stern 等,1996)。一些学者从技术的角度来把经济增长对环境质量的影响进一步分解为规模效应(Scale Effect)、结构效应(Composition Effect)和技术效应(Technique Effect),早期的代表作主要有 Grossman 和 Krueger(1991,1995)、Komen 等,(1997)、Vukina 等,(1999),近期代表有符淼(2008)、朱平辉等(2010)、高宏霞等(2012)。还有一些专家构建专门的理论模型,通过简单或复杂的推导分析了环境库兹涅茨曲线存在的各种条件,代表性的作者主要有 Lopez(1994)、Selden 和 Song(1995)、Brian R. Copeland 和 Scott Taylor(2003)和 Antweiler 等,(2001)。

一般认为短期、局部性的环境污染同收入之间存在关系,而长期、全球性的环境污染同收入之间并不存在明显的关系(Cole 等,2001)。在具体对环境库兹涅茨曲线模型进行估计时,学者们多数运用的是多国横截面数据或面板数据进行分析,选择的环境质量指标一般为大气质量、水质等,具体的指标一般为二氧化硫排放量、一氧化碳、颗粒悬浮物、重金属含量、化学需氧量、城市固体废弃物排放、森林开采量,等等。选择的指标不一样,得到的研究结果有所不同。多数情况下,环境库兹涅茨曲线呈现出倒 U 形特征,少数情况下,表现为 N 形或者 W 形,如 Shafik(1994)发现水质与收入之间的关系就表现出 N 形。对于绝大多数污染指标而言,环境库兹涅茨曲线的拐点出现在收入水平为 3000 到 10000 美元(以 1985 年不变价格进行计算)之间,然而不同的研究者之间的差异也比较大(Dinda,2004)。根据已有的文献来看,EKC 的拐点往往出现在收入比较高的阶段,如 Grossman 和 Krueger(1991)研究发现 SO_2 的 EKC 拐点为 4772 ~ 5965 美元;Shafik 和 Bandyo-padhyay's(1992)指出,空气污染的 EKC 的拐点出现在 3000 ~ 4000 美元;Panayotou(1993)研究发现 SO_2 的拐点为 3137 美元;Selden 和 Song(1994)对 22 个 OECD 国家和 8 个发展中国家的 4 种空气污染物进行实证研究发现 EKC 的拐点:SO_2 出现在 10391 美元,NOx 出现在 13383 美元,SPM 出现在 12275 美元,CO 出现在 7114 美元。

近年来,我国的学者对环境库兹涅茨曲线的研究逐渐增加。一些学者从理论上分析曲线的含义以及对我国的借鉴与启示。研究者们主要使用时间序列数据或者面板数据,实证分析工业污染废气、废水、粉尘、烟尘、固体废弃物等排放或产生量同人均收入之间的关系。

一些研究者还将环境库兹涅茨曲线进行拓展,将研究领域转向了发展方面。从发达国家的农业发展规律来看,主要发达国家农业面源污染呈现先增长后降低的趋势,也就是说经济增长中的农业面源污染演变趋势是符合环境库兹涅茨曲线假说的。如 Managi(2006)证明杀虫剂产生的污染符合 EKC 假说;Tsuzuki(2006)利用经验数据证明土地利用进入水体的污染与人均 GDP 存在的倒 U 形的关系。国内学者徐晓雯(2007)也认识到了经济增长和农业面源污染的倒 U 形关系,但只是在理论上进行分析,没有进行实证分析。

二、农村工业经济增长与环境质量

伴随中国的城市化进程,大量工业企业向农村转移,由此带来了大量的工业污染①。目前,我国这种农村工业化是一种以低技术含量的粗放经营为特征、以牺牲环境为代价的工业化。农村工业布局分散,农村工业发展遵循的空间布局理念是"离土不离乡、进厂不进城";乡办、村办、户办、联户办是农村工业企业早期坚持的"四轮驱动"方针,并起到了积极的促进作用,许多地区的县、镇、乡政府在制定本地区发展总体规划时忽略环境保护,缺乏环境保护规划,农村工业企业选址随意,呈现"村村点火,户户冒烟"的格局。

在现代工业生产条件下农村工业污染不可避免,具体而言,污染主要是通过废水、废气和固体废弃物的排放对生态环境产生影响。以上述污染物为例,如工业废气中就含有大量的二氧化硫、一氧化碳、氮氧化物、臭氧、挥发性有机物、悬浮颗粒物、细微颗粒物质和铅等重金属,这些物质将腐蚀各类材料和建筑物,会导致森林面积减少、农作物减产和质量下降,同时还会对人体健康构成严重隐患。工业废水中则主要附带生物性污染物和化学性污染物两类物质。一方面,高浓度污染的工业废水排入河流将直接导致江河湖海中的水体失去自净能力,引起水质严重恶化,危及地下水系及农田。另一方面,水体中的污染物可以通过饮用水而使人群致病或发生急性或慢性中毒,还可通过水生食物链、污水灌溉等过程危害人体。固体废弃物则会缓慢地侵蚀耕地、林地、草地等关键生态资源,同时固体废弃物中的有害物质会经过雨水的冲刷浸入地下,污染土壤及地下水。

当前,我国农村工业是农村经济发展的主体力量,也是国民经济的重要组成部分,农村工业经济增加值占全国工业增加值的比例超过50%,并被誉为"中国工业经济的半壁江山"。然而,农村工业为国家和农民带来巨大物质财富的同时,也给社会造成了严重的环境损害。长久以来,农村工业企业由于布局不当,经营管理水平低,设备陈旧,技术落后,企业和地方政府环保意识薄弱,污染物的无序排放等原因,对我国农村环境造成了严重污染,已经成为农村环境的头号污染源。国家环境保护总局自然生态保护司农村处公布的资料显示:我国农村工业造成的环境污染逐年增加。当前,农村工业

---

① 工业污染是工业企业在现代的生产工艺水平下,伴随着生产产生的副产品,是由于人为原因,向地理环境释放物质和能量,影响人类和其他生物的正常生存与发展,或造成某些地理要素的使用价值下降等现象。

企业的化学需氧量、粉尘、烟尘和固体废物排放量占全国工业污染物排放总量的比重均已超过50%,已经成为环境保护的突出问题和影响农村居民身体健康的主要因素之一。以废水污染为例,一部分农村工业企业为了方便取水排水直接将企业建于河流或湖泊的岸边,由于废水的处理率和达标率均很低,超标的工业废水直接排入江河,造成农村局部环境污染严重,直接威胁到农村居民的身心健康。从废气污染来看,农村工业企业的能源以煤炭为主,燃烧产生的废气中的主要污染物有二氧化硫、粉尘和工业烟尘等。污染比较严重的企业主要来源于纺织化工、建材以及非金属矿物制品业。随着农村工业企业耗煤量的逐年增加,废气中的主要污染物排放量呈现增加趋势,对大气环境造成严重污染。在固体废弃物污染方面,当前我国农村工业固体废物主要是非纺织、金属矿制品业、化工等行业,主要固体废弃物为炉渣、尾矿及工业垃圾,其中有毒有害的废物主要是化工固体废弃物和冶金固体废弃物。从整体上来看,农村工业固体废物综合利用率很低,未经过处理处置的固体废弃物,一般就地堆放或浅层掩埋,在日晒雨淋等自然因素的作用下,有毒有害物质部分进入水体、农田和大气,对局部地区的农村生态环境仍造成了一定的影响和危害。

本节运用环境库兹涅茨曲线理论,构建一个简单的环境库兹涅茨曲线模型,使用我国各省市面板数据,分析我国农村工业经济发展对农村环境质量的影响。

(一)环境库兹涅茨曲线理论及其解释

一般认为,在一个国家经济发展初期,环境质量比较好,环境污染的程度比较轻,然而随着该国人均收入水平不断的增加,其环境污染程度不断提高,环境质量会伴随经济增长而不断恶化;当该国的经济发展达到一定水平时,学界普遍称为达到某个临界点时,环境质量会随着人均收入的进一步增加,环境污染水平又会由高转低,其环境污染的程度得以缓和,环境质量逐步得到改善,这种现象被称为环境库兹涅茨曲线。图6-1描述了经济增长与环境污染之间的这种关系。

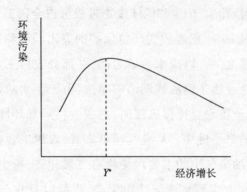

图 6－1　环境库兹涅茨曲线

理论界主要从三个方面来解释环境库兹涅茨曲线的存在性。一是从经济发展的角度,通常在经济发展的初级阶段,经济增长放在了比较重要的地位,容易达成追求产出增长的共识,全社会大量的资源被用于经济增长和发展,受制于一国初级阶段的经济发展方式、资源利用技术水平和人们对环境的重视程度,从而对环境造成了严重的破坏。随着经济的发展,一国经济结构的不断优化,技术水平的不断提高,以及大量可替代性资源的利用,使得环境质量得以改善。

二是将环境质量作为一个消费品来看待,在人们收入水平比较低的情况下,环境质量是一个奢侈品,这一时期人们更多需要的是解决生存的其他生活用品,然而,伴随经济发展,人们收入水平达到一定水平,社会物质丰裕到一定程度时,环境质量就变成了一个生活必需品,人们加大了对它的需求[1]。这一种解释我们可以以用图 6－2 来进行说明。由图 6－2 可知,随着人们收入水平的提高,人们对环境的质量要求就会提高,对洁净空气和水的支付意愿大于对收入提高的需求,对环境质量的需求随着收入而上升(Selden,Song,1994;Baldwin,1995)。由图 6－2 可知当人们的收入水平提高时,个人的预算曲线将从 AB 移动到 CD 位置,并且与新的无差异曲线相切从而形成新的均衡。这一均衡将导致个人理想状态下的环境质量水平由 F 提高到 G,

---

[1]　实际上并不需要将环境质量做出如此复杂的假设,只需要将假设为一个正常的商品假设即可,也就是说伴随人们收入水平的提高,对环境质量之类商品的消费自然而然就会增加。

为此可以作一个更一般性的预期,高收入群体比低收入群体对于环境质量
诸如清洁空气和清洁水源等具有更大和更高的需求①。

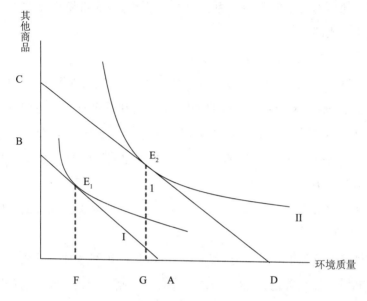

图6-2　环境质量需求随收入变化情况

三是从政府对环境污染的政策与规制方面进行解释。在经济发展初
期,由于国民收入低,政府的财政收入有限,而且整个社会的环境意识还很
薄弱,因此,政府对环境污染的控制力较差,环境受污染的状况随着经济的
增长而恶化。但是,当国民经济发展到一定水平后,随着政府财力的增强和
管理能力的加强,一系列环境法规的出台与执行,环境污染的程度逐渐降
低。若单就政府对环境污染的治理能力而言,环境污染与收入水平的关系
是单调递减关系。

(二)模型、方法与指标

使用简约式方程考察环境库兹涅茨曲线,一般的做法就是将反映环境

---

① 这里其实还暗含了如下假设:第一,对于我们所研究的个体而言,环境质量是一种正常商
品。第二,我们必须假定富人和穷人之间的偏好函数具有相似性。第三,隐含条件是环境质量具有
固定不变的价格,即不随收入而变化的价格。

质量的指标作为被解释变量,收入指标作为解释变量,收入的高次项也将进入模型作为解释变量,由于这一问题的研究已经非常的深入和广泛,无须再深入讨论如何构建新的模型。为了方便比较和分析,将模型设定为普遍研究的经典形式即:

$$E_{it} = \alpha_i + \beta_1 x_{it} + \beta_2 x_{it}^2 + \beta_3 x_{it}^3 + \varepsilon_{it} \tag{1}$$

这一模型中,E 代表环境质量,x 是收入水平,i 代表地区,t 表示时间,α 表示常量,β_k 是第 k 个解释变量的系数,ε 是随机误差项。考虑到研究的方便,在进行研究分析和具体回归时对(1)做了一定处理,对各个变量进行对数化处理,这样可以缓解变量的异方差现象,因此估计模型变为:

$$\ln E_{it} = \alpha_i + \beta_1 \ln x_{it} + \beta_2 (\ln x_{it})^2 + \beta_3 (\ln x_{it})^3 + \varepsilon_{it} \tag{2}$$

将模型设定为(1)后,即可根据回归确定环境库兹涅茨曲线的具体形状如图 6 – 3 所示。

具体来说有如下几种可能:若 $\beta_1 = \beta_2 = \beta_3 = 0$,则表明人均收入与环境质量之间没有任何关系;若 $\beta_1 > 0, \beta_2 = \beta_3 = 0$,则表明人均收入与环境质量之间呈单调上升线性关系,如图 6 – 3(1);若 $\beta_1 < 0, \beta_2 = \beta_3 = 0$,则表明人均收入与环境质量之间呈单调下降的线性关系,如图 6 – 3(2);若 $\beta_1 > 0, \beta_2 < 0, \beta_3 = 0$,则表明人均收入与环境质量之间呈倒 U 形关系,即经典的 EKC,如图 6 – 3(3);若 $\beta_1 < 0, \beta_2 > 0, \beta_3 = 0$,则表明人均收入与环境质量之间呈正 U 形关系,如图 6 – 3(4);若 $\beta_1 > 0, \beta_2 < 0, \beta_3 > 0$,则表明人均收入与环境质量之间呈 N 形关系,如图 6 –3(5);若 $\beta_1 < 0, \beta_2 > 0, \beta_3 < 0$,则表明人均收入与环境质量之间呈反 N 形关系,如图 6 – 3(6)。结合上述的种种可能,笔者进一步用图形将我国人均收入与环境质量的种种可能的关系刻画出来,如图 6 – 3。

在估算过程中,笔者采用面板数据并运用固定效应模型(Fixed Effects,FE)分析我国开展新农村建设以来的农村居民收入与环境质量之间的关系。没有选用随机效应(Random Effects,RE)模型,主要考虑到随机效应模型要求被忽略的变量与等式右端的所有变量无关,即要求文中省略掉的与环境相关因素,如产业结构、产业布局、行业规模、集中度、技术水平等都与人均收入水平无关,显然这是一个不现实的假设前提。

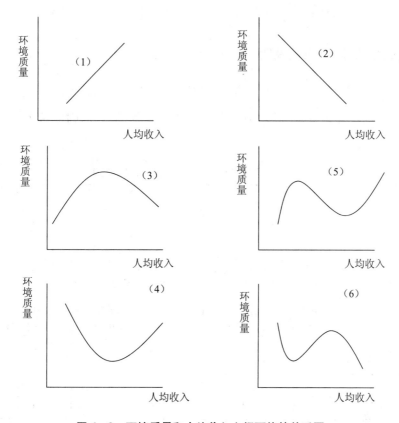

图 6 - 3　环境质量和人均收入之间可能的关系图

　　估算方程中被解释变量为环境质量数据,考虑到数据的可得性问题,本章选取的是工业废气(亿标立方米)、工业二氧化硫(吨)、工业废水(万吨)、工业固体废物(万吨)排放量数据。反映经济增长使用的数据是我国农村人均纯收入,并将1995年作为基期对其进行了价格调整。

(三)数据来源

　　文章数据主要来源于《中国统计年鉴》、《中国环境统计年鉴》、国家统计局网站公布的年度数据,此外还有部分来源于《中国环境统计年报》、《中国环境统计公报》。重庆市的数据只有1997年以后才有,运用插值法对其进行了补充。由于西藏数据严重不全,故未将其考虑在内。样本从1995年到

2010 年 16 年间,30 个省、市、自治区共 480 个数据①。

(四)估计结果及说明

根据设定的公式,笔者进行回归发现,当环境质量指标选择不一样的时候,研究结论并不一致,同时进一步剔除掉不显著项后,回归的基本结果如表 6-1 所示。

表 6-1　环境库兹涅茨曲线回归结果情况表

自变量	工业废气 Log(WG)	工业二氧化硫 Log(SO_2)	工业废水 Log(WS)	固体废弃物 Log(WR)
α	548 *** (6.28)	-13.64 * (-1.79)	-38.76 *** (-8.08)	-18.65 ** (-1.94)
β_1	-226.84 ** (-2.14)	4.85 *** (3.14)	10.32 *** (3.96)	6.63 *** (3.09)
β_2	38.5 *** (5.23)	-0.41 ** (-2.11)	-0.28 ** (2.01)	-0.67 *** (-4.37)
β_3	-1.5 *** -5.96	—	—	—
R^2	0.69	0.84	0.78	0.80
DW	1.84	1.68	2.13	1.81
曲线形状	反 N 形	倒 U 形	倒 U 形	倒 U 形

注:研究使用 Eviews 6.0 软件计算,其中括号中为 t 检验值,***表示在 1% 上显著,**表示在 5% 上显著,*表示在 10% 上显著。

根据回归结果,我们可以得到一般性的结论如下:第一,从所选择环境质量指标来看,各个回归方程的结论并不统一,若选用工业废气作为研究对象,表现出来的是反 N 形曲线,使用其他指标则表现出来的是弱倒 U 形的关系。回归方程中的一些指标值,如 R^2 并不理想,说明污染物除了与人均收入变量有关外,可能还与其他的一些因素有关,但不在本章的研究和考虑范

---

① 实际上考虑到本章节研究的是农村经济发展与环境质量之间的关系,因此关于环境质量的指标应该选取农村的环境污染指标,然而,在我国并没有对农村环境污染指标做出单独的统计,无法获取农村具体的污染情况,故笔者选用了全国各个地区总的污染作为替代指标。目前已有多篇文章采用了类似的做法,另外采用这种做法也有一定的道理,有研究表明当前农村的环境污染主要源于农村工业的发展(张海鹏等,2007;温铁军,2007;乌东峰,2005;吴海燕,2009;申进忠;2011)。

围之内。第二,对于笔者所选择的环境指标工业废水、工业二氧化硫、和工
业固体排放废物来说,在经济发展初期人均收入较低时,污染物的排放水平
都伴随着人均收入的增长而增长,当人均收入增长到一定的程度时,这几种
污染物的排放将趋于减少,符合环境库兹涅茨假说,但是对于工业废气来
说,我们发现最优拟合的方程是三次方,表现出来的是反 N 形,即工业废气
随着经济增长呈现恶化—改善—恶化的过程。第三,若根据估算出来的方
程,容易进一步计算出各种影响环境质量的因素出现拐点的时间以及具体
的收入水平,实际上,笔者通过简单的计算发现,拐点都出现在人均收入比
较低的水平(以 1995 年价格计算),远远低于发达国家拐点出现的情况,也
低于一些国内研究。

　　随后笔者将二氧化硫作为环境指标,农村人均收入作为经济增长指标,
进行了回归分析发现,结果与面板数据回归结果并不相同,笔者将这一结果
记录在表 6 - 2 中。

表 6 - 2　全国 SO_2 排放与农村人均纯收入关系检验结果表

	C	Log(Agdp)	(Log(Agdp))^2
系数	26.68 **	- 4.75 *	0.48 **
T 统计量	2.79	- 2.11	2.54
P 值	0.03	0.06	0.05

$R^2 =0.90$　调整后的 $R^2 =0.88$　F 统计量 =36.50　DW =1.73

注:研究使用 Eviews 6.0 软件计算, ＊＊＊表示在 1% 上显著, ＊＊表示在 5% 上显
著, ＊表示在 10% 上显著。

　　由表 6 - 2 可知全国污染物体排放与农村纯收入之间不存在倒 U 关系,
而呈现出正 U 关系,就全国而言并不存在所谓的环境库茨涅兹曲线,这与表
一所提供的结论有显著差异。在判断我国 EKC 假说时,时间序列模型和面
板数据模型给出了不同结论。前者判断 EKC 为正 U,而后者判断为倒 U。
这说明经验研究仍需要在模型设定、变量选择等方面做出深入的分析。此
外,笔者发现时间段的选择不同也会产生不同的结果。在本章的研究中经
历了两次比较明显的危机,一次是东南亚的金融危机,另外一次由美国次贷
危机引起的全球性的金融危机。笔者发现危机对经济增长以及污染物的排

放都有显著影响。这一方面为当前研究者对我国环境库兹涅茨曲线形状的争论提供了解释;另一方面也说明我国农村工业经济增长的确与环境之间存在一定的关系。

三、农村农业增长与环境质量

除农村工业发展对农村生态环境产生了重要影响外,我国农村农业的发展也对我国当前的农村环境质量产生了重要的影响。农业生产活动中容易产生农业面源污染[①]。已有研究表明,影响农业经济增长的因素众多,土地、化肥、劳动力、农业机械等生产性投入直接影响到农业产出,此外,国家财政支持、农村经济制度、农业技术进步也会直接或者间接影响农业经济发展,除此之外,有研究显示,化学品的投入对于农业经济增长作用非常明显(Lin,1992;FAO,1994;黄少安等,2005;刘玉铭和刘伟,2007)。农业生产活动经常使用的化学物质一般有化肥、农药和农用塑料薄膜等,施用化肥的主要作用在于保持土壤肥力,从而提高农作物单位产出;农药可以有效地预防与治理病、虫、草、鼠害,从而减少灾害损失;农膜的使用可以改善农作物的生长环境,增强农作物抗寒冷与雪灾的能力。从全世界范围来看,全球人口不断增加,然而耕地面积日渐减少。粮食生产环节存在着多种不稳定和不确定的因素,使得世界范围内的饥荒随时可能出现。为了获得充足的粮食供给,防止饥荒,提高土壤肥力来提高粮食产量、增加粮食供给已成为了世界各国的主要手段。FAO(1994)的研究表明,20世纪最后的40年中,世界粮食产量的增加中有50%源于化肥的施用。张林秀等(2006)指出,对于发展中国家而言,化肥对于提高农产品产量起到了非常重要的作用。因此,不能忽略了化肥、农药以及农膜等在使用过程中对环境质量的破坏。

---

① 农村面源污染(Rural non - point Source Pollution)是指农村生活和农业生产活动中,溶解的或固体的污染物,如农田中的土粒、氮素、磷素、农药重金属、农村禽畜粪便与生活垃圾等有机或无机物质,从非特定的地域,在降水和径流冲刷作用下,通过农田地表径流、农田排水和地下渗漏,使大量污染物进入受纳水体(河流、湖泊、水库、海湾)所引起的污染。

(一)化学物品投入对农业发展的经验证据

全世界现有的绝大多数研究均肯定了化肥施用对农作物或粮食增产的积极作用。联合国粮农组织(FAO)统计表明:在 1950 至 1970 的 20 年间,世界粮食产出增加了近 1 倍,其中因播种面积增加所占的百分比只有 22%,剩余的 78% 主要来自于单位面积内的粮食产出增加,根据欧美和日本的科学家测算发现这种单位内的产出增加中有 30% 到 70% 是源于化肥的大量使用。表 6-3 记录了全世界主要的粮食大国的化肥施用量和粮食亩产水平①。容易看出发达国家化肥施用量大大高于发展中国家,粮食单位面积产量也是大大高于发展中国家。例如,西欧、日本化肥施用水平很高,粮食单产也居于较高水平。

表 6-3　部分国家化肥使用和亩产水平　　　　单位:千克/亩

国家	1975 年		1981 年	
	化肥	粮食	化肥	粮食
世界	4.3	151	5.2	185
印度	1.1	73.5	2.2	83
中国	1.9	124	4.4	142
加拿大	2.0	145	2.8	156
前苏联	4.7	93.2	5.5	95
美国	5.4	215	6.8	247
罗马尼亚	6.8	153	10.2	193
匈牙利	17.2	-	18.6	279
法国	17.0	235	19.5	307
英国	17.1	297	21.9	370
日本	25.8	351	25.8	328
联邦德国	28.6	280	27.8	299

资料来源:杜江(2009),转型期中国农业增长与环境污染问题研究。

---

① 表 6-3 所示的年份比较久远,主要原因在于两点:第一,这段时期是大量使用化肥发生时期,也是世界粮食产量迅速提高的时期;第二,依靠化肥来促进产出提高会存在边际产出递减的制约,因此当前同等的产出增量所要求的化肥施用会更高。

　　我国是一个农业大国、粮食产量大国,化肥已经成为了农业生产最主要的投入之一。一些研究表明,在过去的20年中,我国化肥施用量平均每年以157万吨的速度递增,化肥施用总量由1984年的1482万吨增加到2005年的4766万吨,居世界第一位。全国化肥总投入突破了2000亿元,占农业生产成本物质费用加人工费用的25%以上(陈萌山,2006)。2002年,中国化肥消费量占世界化肥消费总量的30%,超过美洲各国总和及欧洲各国总和;单位耕地面积上的氮肥和磷肥施用量分别为175.9kg/hm^2 和45.6kg/hm^2,分别是同期世界平均水平的27倍和18倍,与发达国家的平均水平接近(钱易和陈吉宁,2008)。朱兆良等(2005)认为,在过去的50多年中,我国粮食产量不断增加,其中很重要的原因之一就是化肥、农药等农化用品投入的增加。无论是中国还是世界,化肥对农作物增产的贡献率均占到了50%左右(王激清等,2008)。

　　农药是农业生产投入品中另外一个重要的化学物质。农用化学药剂中的杀虫剂、杀菌剂、杀蜡剂、除草剂、杀线虫剂、杀鼠剂等是进行化学防治农田病、虫、草、鼠害的药剂,是保证农作物高产的重要手段。病、虫、草、鼠害是危害农业生产的四大重要因素,若不及时防治就会给农业生产造成非常严重的损失,病、虫害造成的潜在损失率,其中粮食作物为10%~15%,棉花为12%~15%,蔬菜和水果高达20%~30%。有研究和大量的事实表明,农药的作用是不容置疑的,从不使用农药的自然农业发展到使用农药的现代农业,农药贡献巨大。如不使用农药,因受四大害的影响,人均粮食将损失三分之一(王敬国,2000)。表6-4对上述损害进行归纳和总结。

表6-4　世界粮食产量病、虫、草害损失估计(%)

作物	虫害损失	病害损失	草害损失	累计损失
水稻	27.5	9	10.6	47.1
玉米	13	9.6	13.1	35.7
小麦	5	9.5	9.8	24.4
其他谷类作物	6.2	8.8	12.4	27.4
马铃薯	6	22.2	4.1	32.3

　　资料来源:杜江(2009),转型期中国农业增长与环境污染问题研究。

农膜对于农产品产出的增产效果明显。在早春地冻、干旱和无霜期短的三北地区,农膜可以提高地温和抗旱性;在高温多雨的南方地区,可抗早春低温,防止土壤流失;在高寒山区,可抗春寒、夏旱和保肥;在盐碱地区,则有控制土壤盐碱度,保苗护根的功能。农膜增产效果一般可达30% ~ 50%,甚至高达80% ~ 100%(杜江,2009)。

(二)农业发展与环境污染

化学品的投入对我国农业产出提高起到不可替代的作用,然而化学品的不恰当施用甚至乱用、滥用以及化学废弃物的不及时处理将会导致严重的环境污染。这一污染突出的特点就是非点源特性。非点源污染起源于分散、多样的地区,地理边界和发生位置难以识别和确定,随机性强,成因复杂,潜伏周期长,因而防治十分困难。这种非点源污染,由于涉及区域范围广、控制难度大,目前已成为影响我国水体环境质量的重要污染源。农村过量和不合理地使用农药、化肥,小规模畜禽养殖的畜禽粪便,以及未经处理的农业生产废弃物、农村生活垃圾和废水等,都是造成农业非点源污染的直接因素。最近的一些研究认为,农业污染是造成我国地表水体富营养化的重要原因,以巢湖为例,进入并滞留于巢湖中的污染物分别有60%的总氮(TN)和50%总磷(TP)来自农业等非点源污染。世界银行的报告指出,中国有将近一半的地下水已经被农业污染源污染,严重威胁着中国尤其是中国农村地区的饮用水安全。

经验证据表明,种植业和养殖业是农业污染的主要来源(Jamzen 等,2003;Norse,2005)。陈敏鹏和陈吉宁(2008)指出,现代农业的专业化、区域化、集约化打破了传统的种植业和养殖业之间物质和能量循环,形成农业系统"高投入、高产出、高废物"的生产模式,导致大量废物不能有效利用,它们和过量的化学品投入一起成为水环境污染的主要来源。

梁流涛(2009)通过计算发现,从农业面源污染的排放总量来看,1990 年至 2006 年,全国农业面源 COD、TN 和 TP 的排放量平均值分别为 573.71,643.74 和 79.11 万吨,总体上表现为上升的势头,三项指标年均增长率分别为 1.3%、2.3% 和 3.3%,而且我国面源污染存在着一定的波动性。从污染排放强度来看,我国 1990 年至 2006 年间全国农业面源 COD、TN 和 TP 平均单位面积排放强度分别为 8.6、9.7 和 1.1kg/hm²。农业面源污染排放强度一直呈现出上升的趋势。此外,他还发现我国农业面源污染排放量和排放强度的空间差异较大,农业面源污染排放总量较大的省市主要集中在人口众多、农业集约化程度较高的地区。例如,山东、河南、河北、四川、江苏、湖北、安徽等省;单位面积排放强度较大的省份主要集中在人口密度较大的地区。例如,山东、江苏、河南、天津等。农业面源污染排放强度和排放总量都较少的地区主要分布在陕西、云南、黑龙江、宁夏、甘肃、新疆、青海、内蒙古、西藏等西部地区。

(三) 农业化学物质投入与环境质量分析

农业产出的增加对我国农村环境质量产生了重要影响,这种影响源于农业化学物质的投入。这一部分将具体分析这种影响有多大。文章继续使用环境库兹涅茨曲线进行分析,仍然采用上述回归方程,只是所选择的数据和变量发生改变。

1. 指标、数据和方法

环境污染变量按照一般做法,选用农用化肥和农药的使用量作为环境表征变量。本章选用农村居民人均农业总产值代表经济增长指标,并且对其进行了价格调整。估计的数据来源与上述研究数据来源保持一致,此外估计的模型和研究方法也相同。但考虑到化肥和农药是施用量远小于上一节中其他污染变量,如二氧化硫、工业废气和固体废弃物的排放量,因此本次估计并未进行取对数处理,这并不影响基本结论。

2. 估计结果及说明

通过固定效应模型,在二次和三次函数中进行选择时,发现二次型拟合程度较高,回归系数相对而言更符合要求,同时我们也进行了豪斯曼检验,检验结果也支持这一选择,于是将相应的回归结论记录在表 6-5 中。由表 6-5 可知,我国农业经济增长与我国农业化肥和农药施用之间表现出了明显的倒 U 形关系。这一结果与先前的一些研究基本保持一致(杜江,2009;

He,2009;梁流涛,2009)

表 6 - 5　我国农业增长与环境质量估算结果表

	α	β_1	β_2	β_3	R^2	DW	曲线形状
化肥(FE)	2.1 ** (2.29)	9.76 *** (21.38)	- 0.96 *** (- 6.75)	–	0.92	1.72	倒 U
农药(PE)	0.08 ** (2.15)	0.31 *** (10.54)	- 0.03 *** (- 5.76)	–	0.89	1.66	倒 U

注:研究使用 Eviews 6.0 软件计算,＊＊＊表示在1%上显著,＊＊表示在5%上显著,＊表示在10%上显著。

　　根据上述研究结论,进一步可以计算出,出现拐点的指标值两者都在5000元以上[1]。然而,值得说明的是,尽管 2011 年中国农村居民人均纯收入约为6900元,但人均农业总产值却不到3500,就目前情形而言,还远未达到倒 U 形曲线的转折点。因此,农业经济仍然处于环境库兹涅茨曲线的左半边,化肥、农药的投入量会随着农业增长而进一步增加,环境污染状况也将进一步恶化。

四、结论和政策含义

(一)结论

　　本章从农村工业经济增长和农业增长两个方面研究了农村经济发展与环境质量之间的关系,得到如下结论:第一,从农村工业经济增长来看,工业排放污染物对农村环境造成了严重的影响,这一影响呈现出环境库兹涅茨曲线所描述出来的情形,而且当前处于该曲线的左边,伴随着经济进一步的发展,这种污染将会进一步的加剧。第二,从农业发展来看,中国目前仍然处于传统的农业阶段,农业经济增长主要依靠土地和化肥的投入,虽然化肥投入对农业产出的作用显著,但过多地、不正确地使用化学投入品会引起严

---

[1]　具体的计算方法 $x^* = \dfrac{\beta_1}{2\beta_2}$,通过计算,化肥和农药拐点分别出现在5083元和5166元。

重的环境污染问题,且引起的农业污染一般属于面源性污染。进一步的研究发现,农业增长与环境污染之间存在倒 U 形曲线关系。目前农业污染处于左半段,伴随化肥、农业等投入密度加强,我国农村污染状况将进一步恶化。

(二)政策含义

1. 转变农村经济发展方式成为当务之急

从农村工业经济角度来分析,我们必须改变当前"村村冒烟、户户点火"的这种以低技术含量的粗放经营为特征、以牺牲环境为代价的农村工业化。务必将减少农村工业污染作为农村工业增长方式转变考虑的重要因素,将其纳入到政府经济决策过程中以及相关的规划中,在农村工业发展的过程中切实解决环境污染问题。农村转变经济增长方式的根本在于提高科学技术在生产中的作用,优化工业结构和空间布局。在农村工业污染对生态环境压力日益加重、经济发展的资源环境约束加重的多重背景下,应转变经济发展理念,通过体制和机制的创新走新型的农村工业经济增长道路。可以预见,未来农村工业结构升级的目标是逐步建立科技含量高、经济效益好、资源消耗低、环境污染少的新型工业结构。对于经济发达地区,应利用高新技术和先进适用技术对农村工业进行改造,推进农村工业结构的全面优化升级和技术进步,并实现农村工业的适度集中,实现集聚经济和基础设施共享,提高资源的利用效率,减少污染产生量和污染治理成本。对于经济欠发达地区,应树立农村工业"先污染后治理"的发展思路是不可取的观念,在农村工业化的过程中从源头避免农村工业污染的加剧,通过结构调整和技术、体制创新,调整优化产业结构和产品结构。

2. 尽早、有效地建立起农民增收的长效机制

农民以及由农民组成的单个家庭是农业和农村经济发展的基本单位和主体,也是我国农业增长的动力来源。农民的收入和财富水平的高低决定了农业生产中基本生产要素投入如生产工具、农用化学品和人力资本投入水平的高低,并最终决定了农业产出和产值水平的高低。实证研究表明,当

前农业产出增加主要源于要素投入,然而要素投入一方面不可能无限制增加,另一方面将导致严重污染农村环境。因此,单纯靠要素投入式的促进农民收入提高的方式不可取,当前农民增收的长效机制仍然没有建立起来,各种风险和不确定因素的存在进一步对农民收入的稳定增长构成威胁,农民收入增长疲软对农业增长与发展的潜在威胁巨大。"三农"问题的实质就是如何提高农民收入问题,伴随长效机制的建立,农村环境问题也将得到缓和。

3.进行环境立法,建立农业与环境一体化政策

建立、健全农业环境保护立法,明确政府各个部门对农业环境保护的具体职能,协调各部门农业环保工作系统,建立农业生态环境法规和标准,积极修订现有不合理的法律标准,完善相关的农业保护立法。在管理上建立农业污染的综合协调机构,促进计划、农业、环保、水利、国土资源、财政等多个部门对农业环境保护参与协同作用。进一步完善农业与环境政策,根据发达国家农业发展历程所提供的经验和借鉴来看,农业与环境政策一体化是农业可持续发展的趋势,农业政策需要根据其环境影响进行评价。农业与环境政策一体化原则运用的重要领域之一便是粮食生产。这就需要在考虑粮食安全的同时兼顾农业的可持续发展问题,要求政府在粮食安全与农业的可持续发展之间找到一个平衡点,通过适当调整并制定粮食自给率,充分利用国内外粮食市场来缓解化学品使用对环境的压力,从而达到环境保护的目的。

4.高效建立环境友好的农业技术推广体系和污染监测体系

农村环境状况调查是一项基础性工作,是科学解决农村环境污染问题的前提。要改善我国农村环境质量,全面监测农田环境容量和耕地质量是必不可少的一项工作。这就要求:第一,政府应尽快开展农业污染环境状况的调查,重点是农村面源污染和土壤污染的状况,逐步建立健全农村环境污染监测体系,为科学制定政策和决策提供全面而可靠的信息。第二,建设高效的农业技术推广体系,提升科技推广人员的素质,提高农业技术推广队伍的工作效率,提升推广体系的运行效率。第三,积极推广成熟的化学品使用

技术,建立农药化肥清洁生产的技术规范,鼓励生产高效、长效、低残留的化肥、农药产品。因地制宜地推广成熟的化肥农药使用技术,采用平衡施肥、改良施肥方法和施肥时间等措施以减少农药化肥的施用量。

5. 实行对流域的综合规划与管理

农村农业污染属于非点源性污染。当前,我国水污染日益呈现出流域性特征且不断加重,按照当前发展趋势,我国的流域性问题将会成为影响流域可持续发展的瓶颈。欧盟和北美国家大多采用循环经济学和流域综合管理原理,以河流流域为单元,实施环境保护政策并制定法规,以便进行综合规划治理。我国在非点源污染严重的区域应以流域河网区域为单位,进行综合规划治理。在节氮、控磷、控药的基础上,建设农田生态拦截系统,建设农村分散式生活污水处理系统,开展区域河流整治,建设生态河床,在养殖区开展养殖废水的回用(朱兆良等,2006)。

6. 增强地区农业污染环境管理的能力

农业污染治理能力建设还须从农村抓起。加强农村环境管理的能力建设,健全各级农村环境管理机构,提高农村环境管理能力(邱君,2008)。中央政府应当制订相应的农村环境保护计划,根据区域和流域环境管理的原则,分地区分阶段地改善农村环境质量。同时,对基层环境管理人员实行培训并提供良好的技术。为防止新的农村污染,要强化对农村项目和区域发展计划实行环境影响评价。

第七章 农村资源环境的产出
弹性及其变化分析

随着中国经济的发展,环境污染越来越严重,那么环境污染的产出弹性如何变化,这是值得深入研究的问题。本部分将以我国农村为对象进行探讨。

一、文献综述

对于生产函数、要素产出弹性等方面的研究很多,如石贤光(2011)利用柯布—道格拉斯生产函数,对河南省数据进行分析,发现劳动力投入的产出弹性为 1.422,资本投入的产出弹性为 0.315,能源投入的产出弹性为0.218。罗卫平、罗广宁、吴晓青(2010)采用柯布—道格拉斯生产函数模型,运用线性回归方法估算资本和劳动力产出弹性,发现资本和劳动弹性系数分别为 0.258 和 0.742。刘小军、刘澄、鲍新中(2011)利用柯布—道格拉斯生产函数和 CES 生产函数对不同行业规模效益进行分析,发现大部分行业资本产出弹性在 0.8 以上,而劳动力产出弹性较小。中国人民银行营业管理部课题组(2011)利用柯布—道格拉斯生产函数对中国生产函数进行估计,发现资本的产出弹性为 0.775,劳动力的产出弹性为 0.676。董彦龙(2011)利用柯布—道格拉斯生产函数对河南省粮食种植产业进行分析,发现资本的产出弹性为 0.94,而劳动力的产出弹性为 0.06。吕振东、郭菊娥、席酉民(2009)利用 CES 生产函数对能源和劳动力、资本之间的替代弹性进行分析,发现能源和资本之间的替代弹性为 0.47,和劳动力之间的替代弹性为 0.84。冯晓、朱彦元、杨茜(2012)基于人力资本分布方差,对中国国民经济生产函数进行研究,发现资本的产出弹性为0.68,而劳动力的产出弹性为0.41。范丽霞、蔡根女(2009)利用随机前沿生产函数对中国乡镇企业进行分析,发现劳动力的产出弹性呈递减趋势,而资本产出弹性呈递增趋势。杨青青、苏秦、尹琳琳(2009)利用随机前沿生产函数对中国服务业进行分析,发现资本的产出弹性为0.583,劳动力的产出弹性为0.405。许志伟、林仁文(2011)基于动态随机一般均衡的视角,利用贝叶斯估计方法对中国总量生产函数进行分析,发现劳动力的产出弹性为0.5522,资本的产出弹性为0.4478。章上峰、顾文涛(2011)利用半参数变系数估计模型,对超越对数生产函数进行估计,发现资本的产出弹性呈现倒"U"形变化趋势,而劳动力产出弹性呈现"U"形变化趋势。叶宗裕(2010)利用蒙特卡洛模拟,对河北省数据进行分析,发现资本的产出弹性为0.782,劳动力的产出弹性为0.283。程海森、石磊(2010)对生产函数进行研究,发现对于混合数据模型,资本的产出弹性为0.8166,劳动力的产出弹性为0.3167,而对于无条件两水平模型,资本的产出弹性为0.712,劳动力的产出弹性为0.19。

从上述文献可以看出,对于生产要素的产出弹性研究,主要利用柯布—道格拉斯生产函数,或者超越对数生产函数,采用的估计方法有最小二乘法、贝叶斯估计法、蒙特卡洛估计法、半参数估计法等,但是上述研究对于以下问题较少涉及:第一,未将环境污染纳入考虑范围。尽管中国经济增长进入快车道,但是环境污染越来越严重,日益成为抑制中国经济增长的重要因素。第二,尚未发现有相关研究从动态的角度探讨环境的产出弹性变化趋势。本章将分别采用柯布—道格拉斯生产函数变系数模型,对上述问题进行探讨,并解释其变动背后的政策因素。

二、基于柯布—道格拉斯生产函数的变系数模型

实际上,随着代表先进生产力的资本增加,以及教育水平提高的新劳动力的增加,资本和劳动力的产出弹性不可能保持不变,因此很有必要考虑这些要素产出弹性系数的变化。

Hamilton(1994)和Harvey(1989)提出的状态空间模型能够很好地解决

上述问题。状态空间模型具有两个优点:第一,状态空间模型将不可观测的变量(状态变量)加入可观测模型并一起得到估计结果;其次,状态空间模型可利用迭代法进行估计。因此本章将环境因素引入生产函数模型,考虑生产要素的产出弹性时变性。

考虑到柯布—道格拉斯生产函数在度量宏观总产出和投入要素之间的关系具有很大的优势,因此本章将环境污染、资本、劳动力作为投入要素引入 C – D 生产函数。总生产函数一般为规模报酬不变,因此本章利用人均总产出为因变量,人均资本存量、人均污染排放作为自变量,同时考虑到自改革开放后,中国技术进步持续提高,因此在模型中加入时间趋势项,最终建立如下模型:

$$\ln Y_t / L_t = \ln A + \gamma t + \alpha_t \ln K_t / L_t + \beta_t \ln E_t / L_t + \varepsilon_t \qquad (1)$$

Y_t、K_t、L_t、$E_t (t = 1, 2 \cdots, T)$ 分别表示第 t 年的总产出、资本、劳动力和环境污染,T 表示时间序列最大长度,$0 < \alpha_t < 1, 0 < \beta_t < 1$,分别表示资本、环境污染的产出弹性,而 $1 - \alpha_t - \beta_t$ 表示劳动力的产出弹性,$\ln$ 表示取对数,ε_t 表示随机误差项,其服从均值为 0,方差为常数的正态分布,并且相互独立(后同)。

一般情况下,α_t、β_t 是不可观测的,然而可以表为一阶马尔可夫过程,因此定义状态方程如下:

$$\beta_t = \eta_1 \beta_{t-1} + \varepsilon_{1t} \qquad (2)$$

$$\alpha_t = \eta_2 \alpha_{t-1} + \varepsilon_{2t} \qquad (3)$$

ε_{1t}、ε_{2t} 表示随机误差项,其服从均值为 0,方差为常数的正态分布。

三、数据来源与说明

本章所选取的样本为中国乡镇企业数据,研究时间段为 1997—2009 年,如非特殊指出,所有数据来源于历年《中国乡镇企业年鉴》、《中国乡镇企业级农产品加工业年鉴》等,相关变量定义如下:

(一)总产出、资本和劳动力

本章选取中国乡镇企业增加值作为总产出变量。工业增加值的价格指数问题比较复杂,因为历年统计年鉴不提供工业增加值价格指数。一般诸如实际 GDP,都利用 CPI 指数进行平减,因此本章也利用 CPI 作为平减指数,利用名义乡镇企业工业增加值对 CPI 指数平减,得到以 1997 年价格计算的乡镇企业增加值。

按照"永续盘存法"计算资本存量,其中 1997 年的资本存量利用固定资产净值替代,其他年份的固定资产总值利用如下公式计算得到:

$$K_t = (1 - \rho)K_t - 1 + I_t/P_t \tag{4}$$

其中,ρ 表示折旧率,本章取 5% ,I_t、P_t 分别表示固定资产投资以及固定资产价格。

劳动力利用历年中国乡镇企业就业人数代替,具体数据来自于历年《中国乡镇企业年鉴》和《中国乡镇企业级农产品加工业年鉴》等。

(二)环境污染数据

不同的文献,对环境污染指标的选取不同,不少选择工业三废、二氧化碳排放,等等。但是考虑到数据的可获得性,更多选取二氧化硫数据,因此,本章也选择二氧化硫作为污染排放的替代变量,但是相关数据库都未曾直接给出乡镇企业二氧化硫排放数据。为此,本章首先对中国所有城市二氧化硫数据进行加总,就得到城市工业二氧化硫排放量。然后利用中国工业二氧化硫排放量减去上述城市工业二氧化硫排放量,得到乡镇企业二氧化硫排放量。城市工业二氧化硫数据来自历年《中国城市年鉴》,中国工业二氧化硫数据来自历年《中国统计年鉴》。

四、实证分析

(一)数据变化趋势

通过对相关数据进行处理得到乡镇企业增加值、资本存量、劳动力以及二氧化硫排放量,具体变化趋势见图 7 – 1。

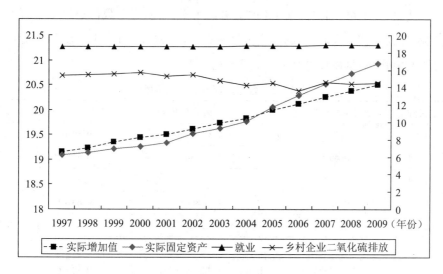

**图 7 - 1　乡镇企业增加值、资本存量、劳动力以及
二氧化硫排放量的对数变化趋势图**

从图 7 - 1 可以看出,乡镇企业的资本存量、增加值呈增长趋势,而二氧化硫的排放呈低速下降趋势,而就业呈低增长趋势。

(二)基于柯布—道格拉斯生产函数的变系数模型参数估计以及弹性估计

根据模型(1) ~ (3),本章将相关数据代入,利用 Eviews 进行参数估计,估计结果见表 7 - 1。

表 7 - 1　模型(1) ~ (3)估计结果

	系数	标准差	Z 统计量	P 值
常数项	0.496614 ***	0.072654	6.83529	0
趋势项	0.075067 ***	0.008361	8.978157	0
	Final State	Root MSE	z - Statistic	P 值
η_1	0.163286 ***	0.010674	15.29813	0
η_2	0.022907 ***	0.00323	7.091757	0
Log likelihood	11.4673	AIC	- 1.30266	

注:* * *、* *、*分别表示在1%、5%、10%的置信度水平下显著。

从表 7 - 1 可以看出,在 1% 的显著性水平下,所有系数都通过了显著性检验。然后对资本和环境的产出弹性进行预测,并根据 $1 - \alpha_t - \beta_t$ 计算劳动力的产出弹性,具体计算结果见表 7 - 2。

表 7 - 2   各生产要素的产出弹性

年份	资本的产出弹性	二氧化硫的产出弹性	劳动力的产出弹性
1998	0.364385	0.054579	0.581036
1999	0.465901	0.067803	0.466296
2000	0.372462	0.054722	0.572815
2001	0.320978	0.048005	0.631017
2002	0.164523	0.023257	0.81222
2003	0.162626	0.022979	0.814396
2004	0.15373	0.02171	0.82456
2005	0.17224	0.025087	0.802673
2006	0.180489	0.026562	0.792949
2007	0.167225	0.023784	0.808991
2008	0.165535	0.023419	0.811046
2009	0.163286	0.022907	0.813807
平均值	0.237782	0.034568	0.727651

从表 7 - 2 可以看出,1998 年至 2004 年,乡镇企业的资本和二氧化硫的产出弹性呈下降趋势,而劳动力的产出弹性呈上升趋势。2004 年至 2006 年,乡镇企业的资本和二氧化硫的产出弹性呈上升趋势,而劳动力的产出弹性呈下降趋势。2007 年至 2009 年,乡镇企业的资本和二氧化硫的产出弹性呈下降趋势,而劳动力的产出弹性呈上升趋势。

五、污染排放的产出弹性变动原因

从上述分析可以看出,本章选择的污染替代变量二氧化硫产出弹性的变化主要分为三个阶段,第一阶段为 1998 至 2004 年的下降阶段,第二阶段为 2004 至 2006 年的上升阶段,第三阶段为 2007 至 2009 年的下降阶段。引起其产出弹性变动的原因是多方面的,但主要原因归纳起来,可能存在以下几个方面。

第一,环保政策的变动。中国政府一直重视环境保护的法制建设,自1973年国务院召开第一次环境保护会议以来,中国颁布了《关于保护和改善环境的若干规定》、《环境保护规划要点和主要措施》、《中华人民共和国大气污染防治法》等多部法律法规,以及《工业三废排放试行标准》、《食品卫生标准》等多部标准,以保护环境,这些法律法规、标准对于农村环境存在重要的影响。在这些法律法规中,其中不少将二氧化硫作为重要污染排放物,进行专门针对,如2001年12月颁布的《国务院关于国家环境保护"十五"计划的批复》,将酸雨和二氧化硫排放区作为"两控区"加以突出;2002年国务院同意环保总局等部门编制的《两控区酸雨和二氧化硫污染防治"十五"规划》,并倡导推行循环经济;2005年12月国务院颁布了《关于落实科学发展观加强环境保护的决定》,要求提高村镇的环境质量;2006年发出的《关于"十一五"期间全国主要污染物排放总量控制计划的批复》,确定"十一五"期间国家对二氧化硫、需氧量污染物实行总量计划管理,计划2010年主要污染排放总量比2005年下降10%。2007年国务院建立节能减排工作领导小组,真正把节能减排作为硬任务。因此环境政策的变动对中国农村经济和环境保护和谐发展起到非常重要的作用。

第二,地方政府环保执行力的变动。毫无疑问,环保政策的实施,有力地推动了农村环境质量的提高。但是,大多数中国EKC实证研究表明,中国经济与环境的关系正处于倒"U"形曲线顶点的左边,即环境质量和人均GDP呈现正向关系,即人均GDP增长,导致环境污染排放增加,因此,要保护环境,必须降低经济增长。这在以经济增长、财政增长为地方政府绩效的主要考核标准的背景下,保护环境往往受到地方政府的抵制,因此地方政府环保执行力度受中央政府执行力度的变化而变化,当中央政府在环境保护方面推行力度强的时候,地方政府执行力度就强,当中央政府执行力度低的时候,地方政府执行力度更低。1997年的东南亚金融危机,对中国的经济、进出口产生严重的影响,为了解决就业、经济增长问题,尽管中央提出转变增长方式,优化产业结构,但中央政府在环境方面的执行力度不够,地方政府执行力度更低,导致中国经济增长依旧以"高投入、高排放"的粗放型增长方式为主,乡镇企业的污染成为农村环境污染的一个主要问题,造纸、食品、化工、非金属矿采选等少数行业,成为乡镇工业污染的主要来源。2001 年美国 911 事件引发了全球性经济衰退的恐惧,2003 年美国攻打伊拉克,推动了石油价格的大幅上升,进而推动企业燃料成本的上升,为了降低成本,政府为了防止企业出现大面积破产,默许企业尤其是乡镇工业企业以煤作为主要燃料,进而大幅加重了农村环境污染。由于上述国际重大事件的发生,对中国经济产生严重冲击,因此中央政府和地方政府执行环境保护政策力度比较小,从而导致 1998 年至 2004 年乡镇企业二氧化硫排放的产出弹性逐年下降。党的十六届五中全会通过的《关于制定国民经济和社会发展第十一个五年规划的建议》,突出资源节约、环境友好型社会的战略地位,通过发展循环经济来保护环境,推行绿色 GDP 核算试点,政府绩效衡量标准的改变,使得地方政府从过去过分重视 GDP 增长向效益、质量改变,加强地方政府执行环保政策的力度,进而使得 2004 年至 2006 年的二氧化硫的产出弹性有所回升。2007 年开始的美国次债危机,对中国出口产生重要的影响,而中国出口一直为拉动中国经济增长的重要因素之一,因此美国出口增长的停滞,导致了沿海地区大量企业破产,为了社会稳定,以及经济增长,地方政府的环境保护执行力度下降,进而导致乡镇企业二氧化硫的产出弹性下降。因此加大地方政府对环境污染的监管力度是中国农村经济和环境保护和谐发展的重要保障。

第三,产业转移。自 2000 年以来,我国一直发生产业转移,这包括三个方面:第一方面为国外产业向中国转移,第二方面为东部产业向中西部转移,第三个方面为城市产业向农村转移。关于第一个方面,不少学者进行了大量研究,在此不再进行论述。第二个方面东部产业转移的可能原因如下:2001 年九届全国人大四次会议通过了《中华人民共和国国民经济和社会发展第十个五年计划纲要》,决定具体推行西部大开发战略,2006 年十届全国人大四次会议明确将"促进中部地区崛起"列入实施区域发展总体战略,这两项总体发展战略的实施,为东部产业转移创造了契机。而随着东部资源尤其是土地资源开发的深入,使得企业的成本大幅提高,进而凸显中西部成本低的优势,为东部产业转移提供驱动力,从而导致诸如纺织、造纸等低附加值的传统行业自东部向中西部转移,由于中西部农村土地成本低,因此中西部农村为东部产业转移的主要目标。同时中西部地区资源丰富,采矿业为全国资本投资的主要对象,采矿区域主要集中在农村,这也增加了乡镇企业的污染排放。因此东部产业转移对二氧化硫排放的产出弹性存在一定的影响。第三个方面,城市产业向农村转移,这主要归因于地方政府对城乡环境保护采取二元政策,一般的市级、县级环保局设在城市,越靠近城市的企业,其环保监管成本越低,而越远离城市的企业,其监管成本越高,这是地方政府对城乡环境保护采取二元政策的原因之一;地方政府对城乡环境保护采取二元政策的第二个原因为城市作为某一地区的窗口,其环境的质量直接影响该地区的形象,而农村相对处于次要地位。这两方面的原因,使得同一地区的企业在农村和城市之间,面临不同的成本,自然企业偏向于低成本的农村,从而发生城市产业向农村转移。上述产业转移在一定程度上影响乡镇企业环境污染排放物的产出弹性,如果产业转移大幅增加乡镇企业中污染行业产出比重,那么乡镇企业环境污染排放物的产出弹性可能提高,如果能够促进乡镇企业的产业升级,那么可能降低乡镇企业环境污染排放物的产出弹性。因此有选择地选择产业转移是促进中国农村经济和环境保护和谐发展的重要条件。

第四,群众环保意识的提高。群众环保意识的提高,主要来自两个方面:一方面,群众是环境污染的受害者,环境污染实际上充斥着我们每天的日常生活,如工厂排放的废水、废渣和废气,噪声污染,饮食服务场所的油烟、热气、恶臭等,很多人最初大多采取忍让的态度,但是随着环境污染越来越严重,环境污染给人们所带来的伤害越来越大,人们开始寻求解决方式,从而提高了群众的环保意识。另一方面,信息获取越来越畅通。尽管企业和群众之间拥有明显的知识信息差距,使得在环境污染纠纷中,企业一方对有关纠纷对象的知识信息拥有在质和量上绝对的优势,企业方面可以凭借其独占的知识信息去说服相对无知的受害者,从而使纠纷朝着有利于自己的方向解决,但是随着信息技术的发展,企业和群众之间的差距越来越小。这两方面的原因促进了群众环境保护意识。有关资料显示,20 世纪 80 年代中期到 90 年代中后期,我国的环境纠纷一直保持在每年 10 万件左右,但是自 1998 年以后,环境纠纷数量呈现急剧上升趋势,在短短 6 年多的时间里增加了约四倍,2003 年突破了 50 万件,其中大气污染为 194148 件,2006 年环境纠纷比 2005 年增长了 30%,达到 60 万人次,其中大气污染纠纷为 194148 见,比 2005 年增长了越 20%;而 2010 年超过了 70 万,达到 701073 件,其中大气污染纠纷为 262953 件。群众环保意识的提高,增加了企业的排污成本,企业为了利润最大化,不得不降低环境污染,进而提高了环境污染排放的产出弹性。因此提高群众环保意识是促进中国农村经济和环境保护和谐发展的重要动力。

第五,农村改革政策的持续推进。2005 年 10 月,党的十六届五中全会通过的《中共中央关于制定国民经济和社会发展第十一个五年规划的建议》中指出,"建设社会主义新农村是我国现代化进程中的重大历史任务",并提出新农村的五大特征:生产发展、生活宽裕、乡风文明、村容整洁、管理民主。十七届三中全会,突出农村改革的重要地位,将"资源节约型、环境友好型农业生产体系基本形成,农村人居和生态环境明显改善,可持续发展能力不断增强"列为 2020 年农村改革发展基本目标任务等,这些农村改革政策的实施,大幅提高了农村环境保护的重要性,进而提高了环境在经济发展中的地位。因此持续推进农村改革政策是促进中国农村经济和环境保护和谐发展的重要政策保障。

六、总结及其政策建议

通过上述分析发现,从平均的角度来看,都是就业的产出弹性最大,而资本的产出弹性次之,二氧化硫产出弹性最小。并且近几年,环境污染的产出弹性逐步呈递增趋势,这说明人们越来越注重环境和经济的协调发展。为此,本课题提出如下政策建议:

第一,建立健全环境保护政策,尤其是农村环境保护政策。当今社会是法制社会,法制在规范个人和企业行为中的作用越来越大。农村环境污染问题和城市污染存在较大差异,如农村环境污染比较分散,监管难度大,环境污染种类多等特征,因此,很有必要通过建立健全环境保护政策,尤其是农村环境保护政策,以规范企业和个人的行为,使得保护环境有法可依,有法必依,执法必严,违法必究。

第二,激励地方政府提高环境保护的监管力度。环境污染尤其是农村环境污染问题,在很大程度上取决于地方政府的监管力度。地方政府监管力度大,农村环境污染的产出弹性就可能越大,因此就越有利于促进农村经济和环境的和谐发展。地方政府监管力度越小,乡镇企业对环境污染的重视程度就越低,农村环境污染的产出弹性就可能越小,因此就越不利于促进农村经济和环境的和谐发展。因此,很有必要建立健全地方政府绩效考核制度,加大农村环境在政府绩效考核中的比重,以激励地方政府重视农村环境污染和农村经济的和谐发展问题。

第三,有选择地承担产业转移。东部向中西部转移的产业大部分为高能耗、高污染、低附加值的夕阳行业。当然承接这些行业能给推动中西部地区的经济发展,改善中西部地区的财政收入,但是也给中西部地区的环境造成不利的影响,不利于中西部农村环境污染和经济和谐发展,因此中西部在承接东部产业转移时,要有选择性,欢迎那些能够优化中西部产业结构,促进产业升级的企业到中西部投资,而不欢迎那些不能促进中西部地区尤其是农村的环境和经济和谐发展的企业。

第四,加强宣传,提高群众环保意识。由于农村环境污染具有范围分散、隐蔽性大、发现难度大等特点,因此很有必要加强宣传,提高群众的维权意识,已达到及时向环境监管机构反映企业污染物排放问题,使得监管机构的监管具有针对性、及时性。

第五,加强农村改革政策的制定以及推进力度。农村经济和环境的和谐发展是一个动态过程,而非静态的,因此我们很有必要不断制定农村改革政策,以适应新农村发展的时代潮流。

第八章 国外农村经济发展与环境保护经验研究

农业是高度依赖资源条件、受自然环境直接影响的产业。只有加快转变农业发展方式,提高资源利用效率,保护好农业环境系统,才能突破资源环境约束,实现可持续发展。本章将对国外农业现代化过程中的经验进行研究总结,这些成功经验对我国新农村建设实现经济发展与环境保护和谐演进具有重要的启示和借鉴作用。

一、注重提高公众的环保参与意识

人类的环境保护意识不是从来就有的,而是在不断总结利用自然的经验和教训中逐渐形成的。本章对具有代表性的美国、德国、日本等国家在提高公众环保参与意识方面的经验进行总结。

美国是一个人少地多、劳动力资源相对稀缺的国家,农业科技发达,是典型的以农业机械化为主导的农业现代化国家。这种以机械化推进的现代农业,由于需要投入大量的物质和能量,对能源(石油)的依赖度非常高,又被称作"石油农业"。该发展模式不仅消耗了大量的资源,同时也带来了严重的环境污染和食品污染,导致生态危机。20 世纪 60 年代,为了应对这种危机,环境保护运动应运而生。环境运动和公众环境意识在 60 年代相互影响和促进,公众对环境的理解主要缘自于环境主义者和媒体的宣传、环境保护组织的影响和个人的生活感受。环境主义者和媒体的宣传使民众对环境问题有了更加直观的感受,民众既能看到大峡谷和红杉林的美景,也能看到洛杉矶的烟雾、圣巴巴拉隧道里的油迹,从前局部的问题可能唤起更多人的关注;环境主义者的宣传极大地扩展了民众对环境内涵的理解。民众对环境的关注和媒体的支持又使环境保护组织迅速发展起来,使他们有更多的机会向民众介绍环境知识,同时接纳更多的会员,环境组织在随后快速膨胀。公众环境意识提高的直接后果是民众不再满足于资源保护,而是要求政府在更多的领域干预环境治理,促进了环境运动的进一步高涨。

在 60 年代环境运动的影响下,70 年代美国发生了环境革命运动,这 10 年被美国环境史学家称为"环保的十年",美国环境保护的机制在这一时期有了更大的突破和进展。20 世纪 70 年代以来,美国的农业环境教育越来越被重视。美国的许多农学院通过开设农业与资源保护、资源开发利用等课程,推动了农业环境问题的治理,为农业环境保护培养了大批专业人才;同时,又通过举办农业科技讲座、短期培训班等方式,对农民进行农业环境方面的教育,从而形成了教育、科研和技术推广三结合的完备体系。美国农业部通过其网站向公众宣传有机农业的重要性,介绍有机食品的安全性及食用有机食品的好处,并回答公众关于有机食品的问题。

美国的农业组织、非农业组织及个人在增强农业环境保护效果方面起到了积极的作用。第一,农业组织利用专业优势,宣传、教育和推广可持续农业研究的新成果。如美国农田托拉斯,通过主办会议和讲习班等方式,讨论耕作方法和水土保持计划,并参与农田保护活动,帮助逆转或至少减缓农田急剧减少的趋势。第二,环保组织等非农业组织宣传农业环境保护。如环保组织反滥用杀虫剂全国联合会,通过在各地建立信息中心、出版刊物等方式,宣传杀虫剂的危害性,介绍有关替代品,监督杀虫剂的立法与执法,从而达到限制杀虫剂使用的目的。

德国人的环境意识也是在惨痛的环境灾难和教训面前逐渐形成的。随着德国公众环境意识的提高和改善环境的要求日涨,选民政治下的德国政府也积极回应这一需求,由此保护环境、改善环境质量在社会各个阶层和社会团体中逐渐达成一致。在德国,公众和新闻媒体对环境问题都高度关注,为了方便公众监督,不论是莱茵河国际保护委员会(ICPR)还是州的环境监测部门,每年都向管理部门提交监测公报。这些监测成果是公开的,公众可以方便地获取或在网上查找,以接受监督,满足公众对环保的关注要求。在监测公报中,列出了超标企业的名录。这说明公众的参与和环保意识的提高,是德国环保在国际上比较出色的重要原因之一。

日本也高度注重提高公众的环保参与意识。从 20 世纪 70 年代初期开始,日本民众对公害反响强烈,全国成立了 300 多个公害问题的民间组织。从自己做起,每一个公民都能自觉进行环境保护。随着人们环保意识的提高,消费者、股民、当地居民投向企业的眼光也越来越挑剔。企业把留下一个良好的环境作为树立企业形象的一大任务,所以,各企业开始定期向社会公布长达数十页的报告书,其内容主要包括对产品回收再利用的计划、对全球气候变暖的应对措施等。在这种大气候下,企业撰写环境报告书已经成为一个趋势,这类报告书主要报告企业自身事业对环境造成了什么样的影响,应该为保护环境做出何种努力,并做自我评价。

二、重视环保立法和强调严格执法

环境污染具有外部性特征,因此环境保护涉及利益冲突,包括长远利益与眼前利益、局部利益与全局利益的冲突。利益冲突只有通过法律规范,通过法律调解。美国、德国、日本、英国、澳大利亚和韩国等在农业环境保护方面的立法是比较完善的。

美国的农业经历了一个从污染到治理的阶段,所以十分重视农业环境保护的立法工作,强调依法对农业生态环境进行保护。从 20 世纪 30 年代,美国陆续颁布了一系列法律,如《土地侵蚀法》、《自然资源保护法》、《清洁水法》等,旨在防治土壤污染与侵蚀、水土流失,保护农业生态环境。美国自从早期移民开垦土地,造成农业生态环境污染破坏以后,就着手对防治土壤污染、土壤侵蚀、水土流失等保护农业生态环境的方法、技术模式进行探索和研究,并通过立法加强对农业生态环境的保护工作。1953 年首次颁布了《水土保持法》,对土地开垦、耕作、工矿建设等带来的农业生态环境问题作了相应的规定。还有很多法律法规对农业生态环境保护也作了规定。如1936 年颁布的《防洪法》、1937 年的《标准土壤保持地区法》、1939 年的《农业拨款法》、1954 年的《农业保护和防洪法》、1956 年的《水土保持与国内分配法》、1962 年的《食物与农业法》、1969 年的《自然资源保护法》、《露天采矿植被恢复法》、1977 年的《水土资源保护法》、《清洁水法》等。此外,各州、县还根据自己的实际情况,通过立法,完善联邦法律法规。这样,美国在农业生态环境保护方面建立了一套完整的法律法规体系。20 世纪 80 年代初期以来,美国联邦政府更为注重与农业生产、开发相关的资源、生态、环境保护,制定了一系列旨在促进农业可持续发展的保护耕地、水等自然资源及生态环境的法规和长期计划。美国联邦政府于 1985 年修订了《农业法》。1990 年,联邦政府再次修订了《农业法》,增添了关于"持续农业"(LISA)和推行新的耕作方法的条款。

德国的农业环境保护有一套较完善的法律法规,如《自然资源保护法》、《土地资源保护法》、《水资源管理条例》、《肥料使用法》和《垃圾处理法》等。这些法律法规从源头上制止了环境污染的发生。德国不仅重视农业环境立法,而且对于违反法律的行为规定有具体的惩罚措施。如规定:"违反法律规定造成水资源污染等不良后果者,处以 5 年监禁或罚款。"从 20 世纪 70 年代开始,当时的西德政府出台了一系列环境保护方面的法律和法规。《废弃物处理法》是德国的第一部环境保护法。90 年代初,德国议会将保护环境的内容写入修改后的《基本法》。在《基本法》第 20 条 A 款中这样写道:"国家应该本着对后代负责的精神保护自然的生存基础条件。"这一条款对德国整个政治领域产生了很大影响。目前,全德国联邦和各州的环境法律、法规有8000 多部,除此之外,还实施欧盟的约 400 个相关法规。从 1972 年通过第一部环保法至今,德国已拥有世界上最完备、最详细的环境保护法。为了加强环保执法,德国设立了环保警察,环保警察除通常的警察职能外,还有对所有污染环境、破坏生态的行为和事件进行现场执法的职责。警察承担环保现场执法工作,充分发挥了警察分布范围广、行动迅速、有威慑力等特点,极大地增强了环保现场执法的力度,保证了执法的严肃性和制止环境违法事件的及时性。德国对违反法律规定造成水资源污染或水质改变等不良后果者,处以 5 年监禁或罚款;对不按操作规程使用机器设备、不履行应尽义务,造成改变自然空气成分,特别是由排放粉尘、油气、蒸汽或气味所造成的空气质量改变,对人畜、植物及其他生物有伤害者和由于噪声干扰他人者,处以 5 年监禁或罚款;对违反排污规定,可能给人畜带来有毒物质或传染病,且由此对水源、空气和土壤造成污染或不良影响者,处以 3 年以下监禁或罚款。生态产品除了要符合德国对食品法和饲料法的规定,还要符合欧盟生态条例。

日本也通过制定一系列农业环境保护政策,使农业走上了可持续发展的轨道。其农业环境保护方面的法规主要有:《环境保全型农业推进基本方案》、《持续农业法》、《家畜排泄物法》、《肥料管理法》、《农业环境规范》等。支持有机农业等环保型农业既要发展生产,又要保护环境,维持农业生态系统的良性循环,走可持续发展的道路。因此,有机农业等环保型农业就成了日本着力发展的重点。日本颁布了一系列法律法规来支持、规范有机农业的生产和发展,如《有机农产品生产管理要点》、《有机食品基本标准》、《有机农业法》等,从而支持并鼓励了有机农业的生产。1967 年,通过了"环境污染控制基本法",强调"环境保护与经济协调发展"的规定。1970 年,对《公害基本法》进行了修改,在修改中强调公害监督管理体制,加强污染惩罚措施,加大污染治理投入力度,开发推广先进的污染防治技术,提高污染物排放标准和环境质量标准,并强调环保优先的政策,将环境保护工作提高到重要位置。设立了由总理大臣直接领导的"日本环境厅",全国各地都道府县也都相继设立了环境保护的组织机构,使环境管理工作得到加强。在一系列缓解污染的政策实施下,日本的环境状况有所改善。进入 90 年代,环境管理发生了观念上的变革,从经济优先转为经济与环境兼顾。日本政府颁布了《环境基本法》、《节能法》、《再循环法》,旨在推动日本社会、经济和环境向可持续方向发展。1994 年,日本出台了《21 世纪议程行动计划》,致力于在 21 世纪建立循环型社会系统。

英国政府从 1942 年出台以农村土地利用为主旨的《斯考特报告》开始,相继出台了《城市和乡村规划法》(1947)、《农业法》(1947)、《国家农村场地和道路法》(1949)等。20 世纪 80 年代以来,英国政府开始着手研究农业发展与农村环境保护的衔接问题,制定了一系列适于农村环境保护的标准和规范。如针对氮肥对地下水质的污染,1980 年颁布并于 1985 年强制实施的《饮用水指导法》规定,消费者饮用水每升中氮含量不得高于 50 毫克。1989

年的《水法》对氮肥使用较多的地区在使用氮肥时，做了明确详细的规定，英国政府除按 1991 年《欧盟施用氮肥指导法》"自然水每升不得超过 50 毫升氮"执行外，还规定了更加严格的施肥标准，如冬季使用氮肥的标准为每公顷 25 千克，秋季禁止使用氮肥；氮污染严重地区，每年 8 月 1 日或 9 月 1 日至 11 月 1 日，禁止使用氮肥；施用有机肥料要距离河道 10 米以上，并且每次施肥不能超过每公顷 250 公斤；施肥要制订计划，不能过高，每次施肥都应有书面记录等。2003 年《水框架工作指导》规定，2015 年所有的水均应达标。英国政府从 2005 年 4 月开始对农民保护环境性经营实行补贴。另外，农民与政府部门签订相关环保协议，在其农田边缘种植作为分界的灌木篱墙，并且保护自家土地周围未开发地块中的野生植物自由生长，以便为鸟类等提供栖息家园。

澳大利亚环境立法起步较早，且较为完备。1970 年，维多利亚州就颁布了《环境保护法》。目前，联邦层次的环境保护立法已有 50 多个，有《国家环境保护委员会法》、《环境保护和生物多样性保持法》等综合立法；有《濒危物种保护法》、《海洋石油污染法》、《大堡礁海洋公园法》等专项立法；此外，还有《清洁空气法规》、《辐射控制法规》等 20 多个行政法规。在州层次，各州涉及生态环境保护和建设的法规多达百余个。澳大利亚立法的一个特点是规定具体、条款很细，可操作性极强。立法上的严密、具体，有效地避免了执法的随意性，确保了执法的公平性，维护了法律的权威性。澳大利亚高度重视预防为主的原则，自 20 世纪 70 年代起，联邦和州政府均要求对重大的发展计划进行环境影响评价，从源头开始预防和减轻不当的人为开发活动所造成的环境污染与生态破坏。澳大利亚环保执法十分严格，不论是个人、企业，还是政府机构，只要违反了环保法规，都要受到严肃查处，对法人可以判处高达 100 万澳元的罚金，对自然人可判处最高 25 万澳元的罚金，对直接犯罪人还可处以高达 7 年的监禁。为了确保环保法规的严格执行，澳大利亚各州都组建了由环保局领导的环保警察。

韩国通过立法建制将环保型农业发展纳入法制化的轨道。韩国自 1997 年起采取有机农产品标志和质量认证制度，1999 年制定了《亲环境农业培育法》，2002 年对环保型农产品实施义务认证制，从一开始就为环保型农业发

展提供了法律和制度保障。韩国把标准化的概念引入环保型农业。把无公
害农产品分为四种，即农药残留量在标准 1/2 以下的"低农药农产品"、不施
农药的"无农药农产品"、不施农药和化肥超过一年的"转换期有机农产品"
和不施农药和化肥超过三年的"有机农产品"。每一种农产品都有具体、严
格的认证标准。"国立农产品质量管理院"专门负责制定认证标准，实施审
查认证，进行事后跟踪管理，以保证工作的国家权威性，提高国民对环保型
农产品的信任度。申请者只有在经营管理、种子、用水、土壤、栽培方法、产
品质量及包装等方面全部符合规定标准，才能领到认证证书。一次认证有
效期一年，改变"一次认证定终身"的做法，以巩固和提高环保型农业经营质
量。对严重违规及弄虚作假行为，实行严格的惩处，除取消认证资格外，还
要根据情节处罚和罚款。如对以欺骗手段获得认证、对未经认证的产品使
用环保型农产品标志，掺假搭售未经认证的农产品等行为，分别处以 3 年以
下徒刑或 3000 万韩元以下的罚款。

三、强调政府环境监管和加大支持保障力度

如何科学合理地使用农业投入品、保护农业生态环境、保障农产品安
全，成为各国政府越来越重视的问题。美国、德国、日本三国在政府环境监
管和有效支持保障方面积累了不少好的经验。美国、德国、日本三国都有十
分严格的农药登记和管理制度，在具体细节上又各有侧重。如美国的农药
管理以联邦政府管理为主，联邦与各州政府相互配合，农药使用证每年核发
一次且使用情况由州农业厅进行监督检查；德国除了加大对农药管理的立
法之外，还规定在对农药进行登记的时候由不同的政府部门负责不同的农
药监测审查项目，意见一致时方能登记；日本则禁止 DDT、六六六、有机汞等
剧毒物质的登记和销售，规定所有的农药必须经过对水生动植物的毒性和
水污染等方面的检验后才能进行销售，而且进行商标登记的农用化学品应
附加一个登记申请，标明该产品的药效实验结果、动植物毒性和残留性能及
样品。对于减轻由于肥料造成的环境负荷问题，美国、德国、日本等国家已
有较多的研究积累，并形成了较为成熟的技术和方法。美国、德国、日本三

国十分重视农业环境的教育与科研工作,他们不仅拥有世界一流的教学设备、实验室,而且把最新的科研成果推广应用,帮助农民利用现代化的生产技术,有效从事农业生产,提高农产品质量,保护好自然资源与环境,搞好资源综合利用,以减少化肥用量、防止水土流失和污染。

美国法律规定,所有的农药都必须在联邦农业部登记,在使用的州注册。美国自 1910 年颁布《杀虫剂法》以来,农药在一定程度上受联邦管理。但在"二战"前,农药并未广泛使用,立法工作亦无关紧要。第二次世界大战极大地刺激了农药的开发和使用。农用化学工业成为美国国民经济的主要部门。1947 年,美国国会颁布了《联邦杀虫剂、杀菌剂和杀鼠剂法》(英文缩写为 FIFRA,以下简称《农药法》)。此后又经过几次修订,并于 1988 年 10 月 25 日,经里根总统签字颁布。除了《农药法》这部有关农药管理的综合性法规外,美国《联邦食品、药品和化妆品法》中的有关规定也涉及到农药管理的部分内容。目前,在得克萨斯州农业厅农药管理部门登记注册的农药品种有 14000 种,约 600 种化学成分。注册一个品种,收费 100 美元,3~7 天发证。根据《农药法》和《联邦食品、药品和化妆品法》的规定,美国环保局(EPA)颁布了《农药登记和分类程序》、《农药登记标准》、《农药和农药器具标志条例》、《农产品农药残留量条例》等一系列农药管理法规,作为农药管理的依据。可以说,美国健全的农药管理法规、条例是美国农药管理工作成功的基础。

美国的农药管理以联邦政府管理为主,联邦与各州政府相互配合。美国环保局从 1970 年来对农药的监督和管理负主要责任。其他联邦机构如农业部、食品及药物管理局、职业安全及卫生管理局和消费者产品安全委员会也被授权从事各自专业内的管理。美国使用农药许可证每年核发一次,使用者分为商业和个人两大类,同时都必须经过培训。州农业厅每年对各地农药使用情况进行检查,检查结果向联邦农业部、州政府报告,并以此进一步获得政府的支持。加强基础研究与监测,确保农产品安全,包括风险评估和毒理分析,受危害的动物农药试验、残留分析等。美国通过采取税收优惠措施,加大对农地的保护力度,成效显著。税收优惠措施主要包括对农地保留农业用途的退税、减税等优惠。美国许多州都实施这种农地保护手段。

例如,1965 年,美国加利福尼亚通过了著名的《威廉逊法》,该法设计了利用税收优惠鼓励农民保护耕地的条款。据统计,大约有 1500 万英亩的农地曾经参加这个计划。美国政府在农业资源和环境保护方面的政策措施主要分三种类型:资金补贴项目、技术支持项目和规范化生产条款(Compliance provisions)。美国的《土壤保护和国内配额法》规定,"凡是把土地从种植'消耗地力的'转而种植'增强地力的'(如豆科作物和牧草等)的农场主可以从政府那里得到一定的补贴"。

德国在农产品过剩时期提出的目标是保护环境和资源。"保护环境和资源"目标提出后,农业生产再也不是单用高产或高效来衡量,而是把"高产、高效、优质、保护环境和资源永续利用"等一个完整的指标体系作为控制目标。德国从 70 年代开始建立环境监测网络,对水域(包括地下水)、空气、土壤、高速路、物种多样性进行监测、分析、评估,为环境政策的制定提供依据并处理遗留的环境问题。在德国莱茵河沿岸各州内部,各州环保局都建立了州内的监测系统、早期预警监测系统(包括预警监测站、长期观测站、基础监测站、强化监测站、趋势监测站),主要是为自来水厂提供信息,追踪污染事故和非法排放行为。同时,还对排污许可证申请单位的废水样品进行检测,以决定是否符合排放标准。国际之间、州际之间均进行严格监督。对于超标排放的工厂或单位,政府责令其纠正,否则就收回排污许可证和生产许可证,令其停业整顿并予以重罚。当然,在这个过程中离不开社会方方面面的共识和合作。政府、公众、企业、消费者、社会团体,甚至在不同国家的政府间,都要形成共识并相互配合。

英国农业发展和农村环保政策始终坚持以人为本、人与自然和谐发展的原则。英国政府认为,农业的发展固然很重要,农村地区环境保护问题也同等重要。食品、水、土壤、空气是人类生存的必需品,既要量的满足,也需质的保证。1992 年,英国召开了各方人士参加的环保战略决策会议,1994 年发布了一个旨在提高人民生活质量的章程,指导人们一要正确利用农村资源,二要加强国际合作,三要在提高农业生产力的同时对农村环境保护做出贡献,四要以人为本,考虑成本收益,缩小贫困线,尊重环保。2001 年,布莱尔首相上台后,成立了环境、食品和农村事务部,其主要职责是促进英国农业的可持续发展,突出农村地区环境保护,进行有效的农业改革,促进形成可持续并有竞争力的食品链。并专门成立了未来农业与食品政策委员会,鼓励农民在生产的同时注重环境保护,并建议对农业补贴政策做出相应调整。2001年,英国口蹄疫暴发后,政府及时制定了农村食品战略方针,主要考虑利润、环境、人三个因素,提出了规划和措施,目的是更好地利用自然资源,改善景观和生存状态,保护生物多样性,提高公共健康水平和福利水平。

日本在保护和改善环境质量方面,依靠了先进的生活技术和污染治理技术。首先是要求资源能耗大、污染严重的大企业,采用清洁生产技术和废物综合利用技术,在整个生产过程中基本做到了"三化",即废物的减量化、资源优化和无害化,使污染物做到了达标排放。其次,对居民的生活废物也都进行了安全有效的处理和废物的综合利用,做到了环境效益、社会效益和经济效益的统一。在日本,无论是政府还是企业都重视对环保的投入。日本政府普遍采用补贴的形式对企业建立防污设施进行资金支持。20世纪60年代,中央政府先后通过日本发展银行、小商业财金公司、人民财金公司给企业提供软贷款。随着需求的增加,政府又设立了污染控制服务公司(1965),即现在的环境事业团。其使命是针对环境问题,对私营企业和地方政府提供技术和财政上的支持。环境事业团通过日本政府的财政与投资贷款计划,主要从事建设和转让项目、贷款项目、以环境保护为目的的全球环境项目。同时,地方政府也为污染控制提供贷款计划。日本政府采取的另一项财政支持手段就是免除税收。政府提供各地有机农业土壤改良、病虫害防治等方面的信息,对建设、健全堆肥供给设施、有机农产品装运设施等进行补贴,对有机农业提供必要的农业改良资金贷款,按《有机农产品及特别栽培农产品的标志标准》及《有机农产品等生产管理要领》的要求进行必要的指导。

四、大力发展生态农业和循环经济

循环经济的本质是一种生态经济,是加快农业现代化的必然选择,是保护农业自然资源的有效途径。

美国、德国、日本等西方发达国家将经济发展与环境保护有机结合,积极实施循环经济,将一个地区的许多企业组织起来,一个企业的废料作为下一个企业的原料,由此既降低了生产成本同时又使废弃物得到了减量。在走向循环经济的过程中,关键性的步骤是对废弃物处理做出详细的规定,将废弃物减到最小程度。德国是世界上公认的发展循环经济起步最早、水平最高的国家之一,1972年出台的《废弃物处理法》标志着德国循环经济探索的开始,并在实践中不断完善法律制度,保障循环经济的发展。采取许多有力的经济手段推进循环经济的发展,如建立双元回收系统(DSD),专门组织对包装废弃物进行回收利用;实施抵押金制度,如果一次性饮料包装的回收率低于72%,则必须实行强制性的押金制度。美国、德国、日本等国家积极倡导绿色消费,实施政府绿色采购,发挥社会中介组织力量为循环经济的发展服务。另外,通过严格的监督机制促进循环经济的有效实施,建立专门的机构,监督企业废料回收和执行循环经济发展要求的行为,生产企业必须要向监督机构证明其有足够的能力回收废旧产品才会被允许进行生产和销售活动。美国、德国、日本等国家推行循环经济不仅促进了资源的节约利用,提高了资源的利用效率,减少了污染,同时促进了经济的发展,促进了就业。如德国仅废弃物处理年营业额已超过410亿欧元,从业人口达100万人。

美国、德国、日本等国家农业在长期观察、精确计算的基础上,考虑有限利用原则和发挥所有因素的作用,经过不断实践,最终拟定综合的、经济的经营管理方法。在农业企业规划和经济管理方面,把土壤资源调查和气候资源调查也列入其中;在田地和环境治理方面管理细腻,把田埂和道路的治理内容也包括了进去;在品种的选育上,注重种质资源的品质、产量和抗逆性;在栽培和土地利用方面,采取轮作方式,科学利用土地资源;利用有机肥和无机肥的最佳结合,防止化学元素过量,在土壤中积累,产生有害物质;采取人工、生物或化学防治相结合方法,对植物进行保护;在耕作方面,通过少耕或免耕法保护土壤结构。无论管理的哪个环节或哪道程序,无不突出农业环境和农业资源。如德国的牧草品种经多年研究选育,对改良土壤起到良好作用。一般牧场都种植牧草,土壤中有机质含量在3%左右,有的甚至高达5%。可见,美国、德国、日本等国家对耕地资源及其环境保护相当重视。

美国、德国、日本等国家是全球较早提出和实施发展生态农业的国家，生态农业较发达。生态农产品在日益受到大众的欢迎，在超市、专业生态食品市场以及露天街市上，带有生态产品标识的食品虽然价格比一般产品高出一大截，但仍很热销。生态农业不仅给消费者带来安全纯正的食品，有利于环境和动物保护、促进地区多样化的形成，还为美国、德国、日本等国家农业领域创造了更多的工作岗位。第二次世界大战之后，化学工业品在农业生产中普遍运用，为解决德国饥荒问题做出了巨大贡献，但德国也为此付出了代价。德国土地总面积将近万公顷，大约一半用于农业。和其他经济领域里的情况一样，农业也经历了一场深刻的结构变化。生态环境的破坏，给农业发展带来了较大的负面影响。20 世纪末德国开始高度重视对生态环境的改善与保护，使农业生产与自然环境保持平衡，尤其在工业产品的应用上尽可能保持物流的平衡和土壤生物多样性，避免掠夺式生产经营，同时把有机农业作为可持续发展的生产方式。

在严重的工业污染面前，为了保持生态平衡，美国、德国、日本等国家近年来大力发展生态农业。目前，这已成为美国、德国、日本等国家农业发展的新趋势。严格的环境保护政策，有效地保护了乡村自然风光。美国、德国、日本等国家农业从业人员约占总劳动力的比例都不高，平均每个劳动力养活人数量却很高。各类农业企业覆盖了绝大部分农产品销售、加工，实现了农工一体化、产加销一体化。同时，农业科技含量较高，有许多重点实验室，科研作风严谨，注重原始创新，特别是在转基因技术、新品种选育和种苗技术、新的栽培技术以及病虫害防治技术等方面，不仅为美国、德国、日本等国家农业生产，也为世界农业生产发展做出了重要贡献。农业机械化程度高，从播种到收获全部机械化，极大地促进了美国、德国、日本等国家的农业生产。美国、德国、日本等国家还有生物农业协会和有机运动联盟，生态农场、生物农场和有机农场，虽然名称有所不同，但实质上差异不大。同其他发达国家的消费者一样，美国、德国、日本等国家的民众对生态农业产品，即无污染的绿色食品格外青睐。近年来，绿色食品在美国、德国、日本等国家和整个欧美市场上越来越多地走进了消费者的菜篮子。为了在市场上占据一席之地,美国、德国、日本等国家把发展生态农业提到了应有的地位。

借鉴这些经验,对于促进我国农村经济发展与环境保护有着重要的启示作用。在新农村建设进一步深化的过程中,我国应当充分认识和重视农村环境保护的深刻意义,把农村环境保护工作作为新农村建设的核心内容之一,进一步增强公民的环保意识和参与意识,这既要依靠宣传教育,又要通过民主政治及法律手段来予以保障和实现。采取多样化的教育方式,使环保意识深入人心,形成多层次的教育体系。重视立法,依法保护和治理农村环境,建立健全法制,严格奖惩制度,即在中央的统一领导下,根据各个地方环境的实际情况,制定相关的法律法规。加大环境保护的执法力度,打击严重违反环境保护法律的行为,同时还要重视环境污染的综合治理。我国的农业生态环境保护管理应该是转变政府职能,建立以干预模式为主,同时兼有市场模式的管理方式;由分散、单一模式向综合管理模式发展,建立新型国家农业生态环境保护管理体制。环境保护要"防""治"并举,以"防"为主,及时掌握农业生产、生活污染状况,把破坏降低到最低程度。在农业和农村生活相关的领域,则应更多地鼓励经济活动生态化、资源利用节约化、废弃物资源化的资源利用方式,倡导资源循环利用。

第九章　新农村建设中的经济发展与
环境保护和谐演进典型案例

一、城乡环境同治,共建幸福家园——来自攸县的探索与实践

我国土地、淡水、能源、矿产资源和环境状况已严重制约了经济发展。在不断追求经济增长的过程中,若不能正确处理好经济增长与资源环境代价之间的矛盾,人们并不会因为经济增长而得到更多的福利,反而会失去更多。湖南攸县的探索与实践为我们破解这一难题提供了鲜活的样本,具有较强的示范效应和典型意义。该县立足实际,大胆创新,在关键问题和关键环节上重点突破,逐步形成了"攸县模式",生态、经济、社会三大效益同时彰显,产生了"攸县效应"。

(一)城乡环境同治,综合效果显著

攸县地处湘东南部、罗霄山脉中麓,南通粤港澳,北临长株潭,西屏衡阳南岳,东与江西萍乡、莲花接壤,古有"衡之径庭、潭之门户"之称。全县辖20个乡镇304个村,总面积2664平方公里,人口79.36万,县城建成区面积14平方公里,县城常住人口14万余人。攸县2010年实现GDP产值174亿元,完成财政总收入13亿元,县域综合实力连续五年跻身湖南省十强,是湖南省农业农村现代化试点县和全国农村社区建设试点县。攸县还被评为全国平安畅通县和省级卫生县城,并入选中国最具投资价值旅游县和2010年度中国最具投资潜力特色示范县200强。

攸县以农村环境卫生综合整治为突破点,紧紧抓住"城乡环境同治"这一世界性难题和关键性问题,以政府为主导,以农户为主体,通过市场运作,强化监督,开辟了一条城乡统筹发展的新路子,具有典型性、可行性、普遍性和可持续性,群众认同度高,生态效益、经济效益和社会效益显著,形成了"攸县经验"。温家宝、回良玉等中央领导和湖南省领导先后做出批示,肯定攸县的做法与经验。各地政府和相关专家学者纷纷前往考察交流和参观学习。

1. 乡村变公园,生态效益凸显

曾经的攸县和全国大多数县(市)一样,由于对城乡环境卫生工作缺乏足够的重视和有效的方法,"一片繁荣、一片混乱"是该县城乡环境的真实写照。从2008年开始,攸县通过开展城乡环境综合整治工作,城乡环境卫生发生了很大的变化。走进攸县的城镇和农村,给人最直观的印象是"五个看不见":城乡公共区域可视范围内看不见"白色"垃圾;主要街道看不见车辆乱停乱放;街面看不见私搭乱建厂棚;市场和门店看不见店外经营行为;房前屋后看不见生活垃圾。

在推行城乡环境同治的过程中,攸县有一套别具一格的"公园理论",即把村庄当作公园来建设,当作乐园来服务。

从2009年开始,攸县以创建全省卫生县城为目标,大力改善农村环境,采用分区包干、分散处理、分级投入和分期考核的"四分"模式整治农村垃圾。将村级卫生区分为村级公共区和农户责任区,公共区由集体出资,聘专人进行日常保洁;农户责任区则实行包卫生、包秩序、包绿化"三包"责任制,每户配备一个垃圾池,分类收集,用"回收、堆肥、焚烧、填埋"方法就地处理。垃圾池普及率现已超过80%。

攸县县城和中心城镇的街道上、小区内基本看不到纸屑,街道整洁,农贸市场内清洁卫生,门前"三包"得到有效落实。而今的乡村和城镇一样。农村的乡间小道、沟渠溪涧回复了往日的绿树成荫、流水潺潺的景象。农户家中,房前屋后也都干干净净。

攸县是矿产资源大县、全国重点煤炭生产基地之一,年产煤700余万吨,约占全省年总产量的9%。矿区曾经是污染重灾区、环境脏乱区。而今矿区的绿地率和绿化覆盖率由 2008 年的 14%、18% 分别提高到 2010 年的 31.8%、33%。如该县黄丰桥镇现有的 61 家煤矿和铁矿已被绿荫环抱,看不到山体裸露或矿灰飞扬。矿区的生态环境得到了有效保护和明显的改善。有的矿区如森林一样,已成为休闲和旅游之地。

近两年来,攸县全面清理了积存多年的垃圾死角,共清除垃圾近 10 万吨,完成"三清四改"18 万处,基本做到了主次干道、房前屋后、江河溪渠可视范围内不见垃圾,群众对环境卫生的满意率达到 95% 以上。治理矿区生态环境和企业污染点 5000 多处,同时大力开展植树绿化工作,城边、路边、水边等共造林 7 万亩,绿化覆盖率逐年稳步上升,2010 年被授予"全国绿化模范县"荣誉称号。乡村全面实施改水、改厕、改圈工作,彻底告别了污水横流、蚊蝇乱飞、粪便乱堆的现象,公共卫生水平明显提升,突发性传染疾病和其他疾病发病率大幅降低。

为巩固城乡同治成果,2012 年初,攸县在全县三级干部会上再次吹响"深化城乡同治,打造完美乡村"的号角,动员各级各部门积极参与,全面推行"结对共建",致力打造富裕、美丽、绿色、和谐、文明、幸福的"六好乡村",着力推动民众同教化、素质同提升、城乡同规划、设施同建设,卫生同保洁、事务同管理、收入同增长、成果同享受的"八同发展",真正实现文明综合素质、家园清洁率、经济发展速度与社会公众安全感的"四个提升"。

2. 环境衍生经济效益,县域经济实力明显提高

县域经济是我国经济运行和发展的基础。在我国中部地区,县域经济的发展直接关系到中部崛起战略的顺利实施,但县域经济发展所导致的环境问题也日益严重。

从全国范围来看,目前中部县域经济仍相对较为落后。为实现县域经济的快速发展,中部地区大部分县(市)纷纷将"工业立县"、"工业兴县"、"工业强县"等作为主要的发展战略,试图通过展开新一轮的工业化浪潮实现经济的迅速崛起。但在工业化的过程中,很多县域往往忽略了自身的发展优势和条件限制,选择的重点工业产业的趋同现象极其严重,给高污染、高能耗及高废弃企业的长期存在提供空间,致使生态环境受到严重破坏,使

已经超负荷承载的资源环境产生更大的压力(林寿富,2009.)。其实质还是粗放式增长,即经济增长与环境相斥。而攸县反其道而行之,以环境衍生经济效益,县域综合实力明显提高。攸县在环境卫生变好的同时,赋予"城乡同治"新内涵,有力促进了经济发展。

一是基础设施大改善。攸县近3年来累计投入15亿多元,改造街巷122公里、城区下水道58.6公里、自来水管网55公里,街面"刚改柔"75万平方米,新建公厕45座,新增公共绿地35万平方米,新装路灯4340盏,建设了洣江风光带、文化广场等一批市民休闲场所。在农村,安装乡镇街道路灯2000余盏,改造、硬化乡村道路2575公里,水泥道路通村到组率达到98%。

二是投资潜力大大增强。环境的改善带来了好形象,好形象带来了好人气。好人气衍生的经济效益逐步显现。环境的改善增加了地产房产效益,城镇房屋的价格、租金都无一例外翻番,县城的地价最高达到了610万元/亩,部分乡镇镇区出现了一地难求的状况。仅2010年,乡镇镇区完成土地经营收入就达1个多亿。网岭镇罗家坪村与省教育科学研究院联手打造学生实践基地,全村仅此一项户均增收就超过了2000元。同时,环境的改善进一步提升了攸县形象,增添了招商魅力。近两年来攸县投资洽谈的客商明显增多,吸引了包括沃尔玛在内的境内外知名企业落户,投资过亿元的项目达到12家,累计投资规模达到100多亿元,其中落户到乡镇和村级的企业达到80多家。2010年下半年以来,攸县引进亿元以上项目7个,煤电一体化、干法水泥、桐坝电站等一批总投资超过200亿元的项目正在开工建设。2010年,攸县被相关机构评选为中国最具投资潜力特色示范县、中国最具投资价值旅游县。

三是经济实力大跨越。全县GDP由2005年的74亿元增加到2010年的174亿元,年均增长14.2%;财政收入由2005年的4.8亿元增加到2010年的13亿元,年均增长30%。2011年上半年完成财政收入9.02亿元,比2010年同期增长44.8%。2010年,城关、酒埠江、皇图岭、网岭、新市和黄丰桥等6个镇跻身全省百强镇,县域综合实力排全省第8位,居中部六省百强县第42位,比5年前上升33个位次。目前,攸县又制定了经济发展"6+3"重点目标,即加快攸州工业园、网岭循环经济园、火车南站物流园、东城新区总部经济园、县城中心商业区和酒埠江旅游区 6 大园区建设,同时发展煤铁、花炮、农业等 3 大产业。

3. 环境治理与经济发展和谐演进,群众幸福指数高

随着经济发展与城乡环境的同步改善,群众满意度高,文明程度高,幸福指数高。

一是干部作风变实了,政府威信变高了,党群关系变好了。在"洁净大行动"中锻炼干部、考验干部、发现干部、选拔干部,增强了干部责任心,激发了干部工作活力,提高了工作效能,干部作风明显好转。通过深入开展大规劝、大走访、村级定期联合办公等活动,干部办成了很多好事、实事,化解了大量矛盾纠纷,避免"小事拖大、大事拖炸"。党政干部融入群众之中,干群关系明显改善,群众对干部的满意率大大提高。

二是乡风文明,群众素质明显提高。现今的攸县,文明乡、村、户创建活动如火如荼,老百姓讲文明的多了,封建迷信和卫生陋习的行为少了;娱乐健身的多了,参加赌博的少了;邻里和睦的多了,违法犯罪的少了。95% 以上的村民家中都自备了垃圾收集桶或垃圾池,清明节、中元节等特别节假日到指定地点统一焚烧祭祀物品,改掉了"春节不扫地、垃圾堆满地"的陋习,平时自觉做到垃圾入池。县乡村三级经常开展以大舞台为载体的系列文化活动,每个村都有一支以上秧歌队或腰鼓队,受到了群众的欢迎。城乡居民在生产生活中互相帮助,互相支持,社会治安状况明显好转,刑事治安案件连续六年下降,形成了良好的社会风气。

三是生活大改善,群众幸福指数高。"十一五"期间,攸县财政用于公共设施、教育医疗、社保就业、环境保护等民生领域的支出累计达到 25 亿元,占整个财政支出的六成以上。全县城镇居民、农民人均可支配收入由 2005 年的 8733 元、4569 元分别增加到 2010 年的 17309 元、9045 元,年均分别增长 14.7%、14.8%,群众的生活得到了进一步改善和提高。现在的攸县环境美了,管理规范了,生活幸福了,群众的认同度、满意度、归属感也明显增强。近两年许多在外务工经商致富的攸县人纷纷回乡创业、购房、建房、安居。在攸县经商打工的外地人也以攸县为家,许多人买房定居。

(二)"攸县模式"的成功经验

我国城乡关系已从农村支援城市、农业支持工业进入城市带动农村、工业反哺农业的发展阶段,但城乡二元格局并未得到根本改变。正确处理政府与农民之间的关系,转变政府职能,促进城乡协调发展,进而破解城乡二元格局,并以此为突破口解决长期困扰我国经济发展和环境保护相互演进的难题,是"攸县模式"成功的逻辑起点。

1.优化政府主导作用

在对攸县城乡一体化建设的实践考察中能够发现,促进城乡同治的关键是发挥政府职能的整合与互动作用,将"管治"主导转换为"服务"主导,通过提供政策支持、宏观引导、服务保障等形式推动城乡社会协调发展。

一是高目标定位,新观念引领。在城镇发展定位上,攸县明确提出建设一流中等城市的目标,2009 年开始全面启动"三创四化"活动,2010 年又启动了国家卫生城市、省级文明城市、省级园林城市创建工作;在农村卫生环境上,明确提出实现"可视范围内不见垃圾"的目标,通过开展洁净大行动,提升农村环境卫生管理水平。同时,攸县还将城乡环境卫生综合整治工作与学习实践科学发展观相结合,开展了为期一年半时间的思想观念大讨论活动,总结了规划建设观、大众公共观、生态环境观等"十大观念";提炼了厚德从善、崇文重教、诚信守法、尚勤赶超的"攸县精神";编撰了思鉴、德鉴、政鉴、廉鉴、法鉴、礼鉴"六鉴"丛书,并组织百村千场"新观念面对面"宣讲活动。特别提出了"城镇客厅理论"和"农村公园理论",要求把城镇当作自家客厅来装扮与呵护,把村庄当作公园来规划与建设,为开展农村环境卫生综合整治工作积聚了强大的内生动力。

二是讲求工作方法,促进群众自觉。从人民群众身边的事情抓起,从关系人民群众切身利益的实际问题抓起,从满足人民群众的现实需要抓起,增强工作的针对性和实效性。在具体工作中,该县创造性地探索了以言传身教为主要形式的教育教化模式,坚持县领导带头,机关干部、群团组织、在校学生、离退休干部广泛参与,开展上街进村规劝活动,做好耐心细致的宣传教育工作,不搞强迫命令,不搞"龙卷风"行动,最大限度地消除抵触和对立情绪。每年全县参与规劝和清扫行动的人员有10万余人次,发放各类宣传资料30多万份,纠正不文明行为10多万人次。通过规劝活动,启发、引导、教育和影响群众,使环境工作由"政府推动型"向"群众自觉型"方向发展,达到了事半功倍的效果。

三是制度建设到位,执行力强。近年来,攸县县委、县政府在追求经济效益的同时,着重把环境整治摆在首要位置,把城镇当客厅,把村庄当公园,全面开展"三创四化"、"洁净攸县大行动",从县到镇到村到组到户,形成了"人人参与环境整治,整治环境家家受益"的良好工作氛围。最关键的是建立了一套以人为本、各负其责的工作推进机制,创造性开展工作,注重解决实际问题。从县到乡,再到村组,推行目标责任、逐级考核、科学评比、适度奖罚,基层干部和群众有干劲更有奔头,有压力更有动力,从而提高了基层组织的战斗力,并激发了群众的创造力,收到了良好的效果。其中分块负责、分散处理、分级投入、分期考核整治农村垃圾的"四分模式"被广泛赞誉为"攸县模式",既解决了农村垃圾处理难的问题,也为全省乃至全国垃圾处理提供了可资借鉴的模式。

2. 提升农民主体作用

确立农民在城乡建设过程中的决策主体、建设主体和利益主体地位,这是发挥农民群体的主观能动性,整合乡村发展资源的必然需求。"既要经济发展好,更要身体好;既要收入高,更要幸福指数高"。攸县的环境整治工作,把老百姓真正发动起来了,得到了广大群众的高度认同,所取得的经验和成效,是群众在实践中亲手创造出来的,充分体现了群众的真实意愿和心声。

一是群众基础好,参与度高。实施农村环境卫生综合整治,必须始终坚持尊重群众、相信群众、依靠群众。攸县的城乡环境卫生综合整治工作之所以开展得有声有色,也正是因为其抓住了这个根本,从而推进了广大群众的观念转变和习惯培养。攸县通过规劝、宣讲、讨论、评比等多种形式,加强公共环保宣传教育,争取群众支持,引导群众参与,调动群众的积极性和主动性,激发群众投身环境整治的智慧和热情,由"要群众干"变为"群众要干",由"教群众怎么干"变为"群众自己想办法干",把农村环境卫生综合整治变成改善人居环境、建设美好家园的群众性活动。攸县的做法得到了广大群众的拥护和支持,具有群众基础,广大群众的认知度、参与度都很高。搞好环境卫生已经成为老百姓的良好生活习惯,它不仅是政府的要求更是群众自己的意愿。一些群众自豪地说:"不管上级来不来检查,我们平时都很干净,不需要突击搞卫生。"

二是重点整治,以点带面。明确集中整治的重点区域和整治内容,镇、村同步开展。在集镇,集中开展"脏、乱、差"专项治理,重点加大乱停乱搭乱建、户外占道经营、建筑施工、农贸市场混乱等影响环境行为的整治力度,加强集镇的绿化、美化、亮化和社会秩序管理,提高集镇的整体品位。在村庄,集中开展"田边、路边、屋边、水边"、"大清扫、大清理、大清运"专项治理,清除裸露垃圾,消除卫生死角。集镇门店和农户实行门前责任区域划分,定期进行清扫。同时,采取"大评比、小奖励"的方式,评选集镇文明经营户和村级卫生红旗户,并适当给予一定的资金奖励,以点带面,带动群众广泛参与。

三是以治促建,还利百姓。近几年,该县先后争取生猪规模化养殖场(小区)建设、生猪调出大县奖励资金和生猪产业化等项目资金,把污染源治理与项目建设结合起来,要求所有项目建设单位必须建设沼气池或三级沉淀池。目前,全县 517 个项目建设单位共建设沼气池 127 个、三级封闭沉淀池 23192 立方米,改建排污管道 24700 米,建设有机肥厂 2 座。通过兴建污染治理项目,有效解决了畜禽养殖污染问题。同时,配合环境整治工作,攸县实施了清垃圾、清河渠、清路障和改水、改厕、改圈、改院的"三清四改"行动,取得了良好效果。其中,农村卫生厕所普及率达到 35%,改水受益 9 万人,受益面 93.2%,解决了农村 10.6 万人的饮水安全问题等,让老百姓在环境治理过程中真正受益。

环境问题是在经济发展过程中产生和演变的,环境与经济之间既相互制约,又相互促进。快速的经济增长往往伴随着工业扩张、自然资源的消耗以及环境的污染,同时,经济的发展以及发展过程中伴随的产业结构升级和技术进步也为改善环境创造了条件。因此,将经济增长与环境治理简单对立起来的观点是片面的。攸县通过优化政府主导作用与提升农民主体作用，已实现了二者在经济发展与环境治理过程中的合作与互动，最终形成推动城乡协调发展的合力。在湖南，没有哪一个县级城市的工作经验与城乡发展成果既能得到中央、省、市领导的高度赞扬，又能同时得到老百姓全心全意的支持。攸县做到了，这就是攸县城乡同治的经验。

二、贯彻绿色理念，构建支持新农村建设的体制机制——来自冷水江市的经验

（一）冷水江市基本情况

1.冷水江市简介

冷水江市地处湘中腹地、资水中游、沪昆铁路中段。全市面积439平方公里，辖5乡7镇、4个街道办事处、1个经济开发区，有153个行政村、59个居委会，总人口38万，城镇化率达74%。冷水江市资源丰富，是湖南省重要的能源基地，境内已探明的矿产资源有锑、铅、锌、铋、钼、铁、钒、煤、煤层气、石墨、石灰石、白云石、大理石、硅石、花岗岩等40余种，矿产地185处，而且品位高、储量大、易开采。其中锑矿储量和锑品产量均占全世界的三分之一以上；无烟煤储量5.5亿吨，占全省已探明储量的30%左右，现年产煤近600万吨；煤层气储量达500多亿立方米，占湘中地区已探明储量的75%。在439平方公里的土地下，拥有如此丰富的矿藏，实属世界少见。因此，冷水江市素称"世界锑都"、"江南煤海"、"中国的鲁尔"。

2.冷水江市过去存在的生态破坏问题

（1）矿产资源开发造成生态破坏。冷水江的锡矿山地区锑储量位居世界首位，锑品产量占全球的60%，经过110多年的开采，特别是解放前掠夺性开采和解放后涉锑产业的粗放式发展，造成了严重的重金属污染和生态破坏。首先，矿产资源的开采占用了大量耕地。其次，矿产资源开采掏空地层造成了地表塌陷，直接破坏了耕地和地面建筑物。同时矿产资源开采过

程中产生很多废弃物(如煤矸石山),占用了大量土地,破坏了自然景观。

(2)偏重型的工业结构,污染严重。冷水江工业发展主要依托区域丰富的能源矿产资源,面向湖南和江南地区煤炭、电力和建材的需求,逐步形成了以能源、原材料生产加工为主的重型工业结构,经济发展过分依赖资源开发利用,产生的污染也较严重。

(3)短期内大规模区域开发过程造成的复合型生态环境问题。冷水江作为湖南乃至整个江南地区重要的能源原材料基地,短期内资源大规模、高强度的开发造成了严重的生态环境问题。发达国家在百年内逐步出现、分阶段解决的环境问题,冷水江在20多年的快速发展中已经集中产生,呈现复合型特点。

(二)主要成绩

1. 工业发展中强调环境保护

该市全面开展涉锑企业整治,要求列入整合计划的企业必须完成扩能提质改造,达到年生产能力5000吨,且环保实现达标排放。仅2010年全市共关闭锑冶炼企业75家,取缔手工选矿小作坊145处,拆除焙烧炉106座,淘汰落后生产能力17.4万吨。对保留的7家涉锑企业,冷水江对其进行扩能提质改造,7家保留企业共投入了1.2亿元资金进行技术改造,鼓风炉系统改造和脱硫系统改造已基本完成,民营锑冶炼企业锑品年生产能力由改造前的3.5万吨提升到5.5万吨,锑白产能由整治前的3000吨提高到9000吨。通过整顿,锡矿山地区环境质量有效改善。污染严重的60家非法锑品冶炼企业焙烧炉已取缔,民营锑冶炼的鼓风炉生产线和尾气脱硫处理系统由1条上升到8条,砷碱渣现已严格管理,各企业还将配备生产监控系统,能耗大大降低,污染有效治理。

2. 新农村建设中注重环境保护

经过两年来的努力,冷水江市被评为全省新农村建设先进县市,铎山大坪村、岩口金连村被评为全省新农村建设示范村,岩口农科村、金连村被评为全省"两型"示范村庄。全市农村面貌做到了四个"大为改观"。

（1）基础设施大为改观。把基础设施建设作为改善农村面貌的切入点，在35个先行推进村大力开展了水、电、路、环境、卫生等基础设施建设。新建、拓宽通村通组公路152公里，修建水泥人行道186公里，安装太阳能路灯492盏，改水受益1.97万人，改厕1138个，各村基本实现公路到组到户，安全饮水全覆盖。特别是岩口信用社至金连村委会路段和沙办王坪湾修建了炒砂路，道路品级明显提高；投资近1亿元，对良溪河、柳溪河、球溪河、麻溪河、税塘溪等8条河道进行疏通治理，基本实现了区域共建、城乡联网、设施共享。

（2）房屋风貌大为改观。以"两片一线"为重点，实施房屋风貌改造，规范住房建设。全年共完成房屋风貌改造1533栋，其中岩口镇的农科、金连、岩口与铎山镇的大坪、王家、眉山等六个重点村连片完成800余栋，大体实现了房屋风貌基本一致，形成了新村新貌。

（3）村庄环境大为改观。35个先行推进村购买发放垃圾桶1.15万个，建垃圾池506个，修建排水沟5.69万米，配备卫生管理员129人，卫生保洁员120人，清理陈年垃圾1万余吨。同时，大力开展植树造林，全市绿化植树40.86万棵，绿化草皮面积31.3万平方米，修建花坛361个。

（4）S312线沿线面貌大为改观。拆除沿线乱搭乱建棚点及"两危"建筑物269栋，对沿线可视范围内433栋房屋进行了风貌改造，对沿线20多公里开展了补栽植树、规范门店招牌和广告牌等绿化、美化、净化工作，整治了所有违规煤坪。

（三）工作步骤和主要措施

1. 工作步骤

自2010年下半年开始，冷水江市谋划统筹城乡发展整体推进新农村建设以来，按照"一年起步、三年见效、五年变样"的目标要求，积极行动、统筹发展，成立冷水江市统筹城乡发展整体推进新农村建设工作领导小组。市委书记任组长，领导小组下设办公室，办公室下设冷水江市统筹城乡发展管理工作办公室（以下简称"市统筹办"），为常设正科级事业单位，具体负责全市统筹城乡发展整体推进新农村建设的综合、指导、协调、督查、考核等工作。2010年12月,颁布了《冷水江市统筹城乡发展整体推进新农村建设工作方案》,明确了具体的工作步骤:

(1)宣传发动阶段(2010年12月以前)

出台冷水江市统筹城乡发展,整体推进新农村建设实施方案和具体实施细则,召开全市性的统筹城乡发展工作动员大会,组织开展全市性的宣传活动。同时初步建立冷水江市统筹城乡发展整体推进新农村建设的体制机制。按"村主动申报—乡镇(街道)把关—市统筹办综合研究—市领导小组审定"的程序确定试点村(社区居委会)。凡引进1000万元以上投资项目或50户以上"市民下乡"的村,通过申请,可以优先批准列入首批试点村范围。

(2)重点突破阶段(2011—2012年)

按计划完成试点村镇的规划修编工作,并严格按规划要求进行建设。全面规范农村建房,引导农民适度集中居住。进一步完善冷水江市城乡一体化统筹发展的机制体制。加大对试点村镇的产业扶持和精神文明建设,促使农民向市民转变,并加强对试点村镇的绿化、卫生保洁及房屋风貌改造和安全加固工作,加快其"美化、绿化、亮化、净化、硬化"的进度,建好一批试点村。

2011年2月,该市确定了首批35个新农村建设试点村和"一线两片"(S312沿线、铎山片、岩口片)的建设重点,在全市14个乡镇(街道)正式启动整体推进新农村建设工作。2011年3月颁布了《冷水江市试点村房屋风貌改造实施意见》,2011年4月颁布了《冷水江市农村垃圾分类处理指导意见》,大力开展了以"三大工程"(房屋风貌改造和安全加固工程、基础设施建设工程、村庄环境整治工程)和"三清"、"四改"、"五化"、"九建"、"二处理"为主要内容的村庄综合整治,2011年重点建设30个试点村,取得了令人瞩目的成绩。

(3)全面实施阶段(2013—2015年)

冷水江市致力于全面推进新农村建设工作,将全市210个村(居委会)进行统一规划,实现全市规划全覆盖。同时总结经验,完善制度,确保全市新农村建设工作规范化、制度化、科学化发展,逐步建立起一种长效发展机制。

2. 主要措施

(1)统筹城乡发展规划

科学制定城乡发展战略。2009 年以来,冷水江市委市政府制定实施以"深化转型工程,推进产业规模化、城市生态化、城乡一体化"为内容的"一转三化"战略,在加快产业发展、城市建设的基础上,同步推进新农村建设,立足冷水江市农村发展实际,做出了"一年起步,三年见效,五年变样"的整体部署,以打破城乡二元结构为主线,推进城乡规划、基础设施、公共服务、产业发展、生态环境、管理体制等六个一体化建设,力争用五年时间实现城乡经济社会发展全面接轨。

科学编制城乡一体化规划。作为全省城乡规划一体化试点市,冷水江市按照"一中心、四组团"的空间格局,以主城区为中心,以 4 个中心镇为节点,以 26 个中心村为基础,构筑起城乡互动、整体推进的空间发展形态,以统筹城乡发展总体规划、城乡一体化建设规划和村庄建设规划为核心,在充分尊重村民意愿的基础上,每年高标准完成 5 个乡镇及 70 个村(居委会)规划修编工作,用三年时间完成全市 212 个村(居委会)规划修编,同时对村庄布局、产业布局、市域交通、供排水、电力、通信、供气、生态建设等方面进行专项规划,实现规划市域全覆盖。

(2)大力推进环境整治,改善环境质量

规范农村住房建设。按照"一村一景点、一路一风格、一户一宅"模式,鼓励引导村民住房集中新建,凡集中建房的,由政府提供统一样式的建筑设计图和技术指导。全市共有 10 个集中居住点开工建设,受益村民 870 户。同时,通过拆除一批,改造一批,新建一批,实施房屋风貌改造加固,投资近6000 万元,完成风貌改造 1100 余栋、拆除危旧房屋 200 余栋。部分乡镇尝试打破"户户界限"和"村组界限",允许跨村跨镇建房,实现多村连片。一些村庄采用"有钱出钱、有地出地、联合建房"模式,解决了村里有地无钱和有钱无地居民建房的难题。

完善农村基础设施。实施"三清四改五化九建二处理"工程,在农村全面进行清垃圾、清污泥、清路障;改水、改厕、改厨、改圈栏;搞好村庄硬化、净化、亮化、绿化、美化;建好村级医疗室、社区警务室、社区环卫室、文化体育室、计划生育室、综合服务室、幼儿园、农村超市、村民活动中心;抓好生活污水处理、生活垃圾处理。以农村交通和水利作为突破口,投资近1亿元新建、拓宽通村通组公路152公里,新修人行道151公里,基本实现了"公路村村通,水泥路户户通"。投资近2亿元对8条乡村河道进行疏通治理,基本实现了区域共建、城乡联网、设施共享。

抓好村庄环境整治。加大垃圾处理中环保意识、垃圾分类等方面的宣传教育工作,并形成了《冷水江市农村垃圾分类处理指导意见》等文件。建立"户分类、村收集、乡(镇)转运、市处理"的四级垃圾处理模式。目前,全市农村共添置垃圾桶11469个,建垃圾池504个,配备卫生管理员129人、卫生保洁员120人,统一管理,分层运作,24小时保洁;规划建设10个垃圾中转站和3个垃圾填埋场,确保农村垃圾及时收集处理,大部分院落已看不到裸露垃圾,使农村群众和城市居民一样拥有环境优美的生活空间。

推广环保绿色能源使用,道路路灯以太阳能供给能源为主,同时坚持不随意排放生活污水,采用有效方式收集污水,修建污水净化池、沼气池或其他设施对生活污水进行处理。做到既处理了生活污水,又为日常生活提供了清洁能源,一举两得。

(四)主要经验

1. 贯彻绿色理念建设新农村

长期以来,冷水江市比较粗放的发展方式在带动经济快速增长的同时,也积累了资源枯竭、生态环境恶化等诸多矛盾和问题,严重制约经济社会可持续发展。2009年冷水江市被列为全国资源枯竭城市。冷水江市坚持"工业反哺农业、城市支持农村"的方针,用工业化、城镇化的理念发展农村经济,带动农业现代化,努力探索一条符合冷水江市实际、特色鲜明的城乡产业互融互补的新路子,冷水江市在协调经济发展和环境保护的过程中,抓住了绿色经济这条主线,在新农村建设中贯彻绿色理念建设新农村,从而赢得了经济发展和环境保护的双丰收。

绿色经济模式强调经济、社会和环境的一体化发展。绿色经济模式是以可持续发展观为基础所形成的新型经济发展方式,它以自然生态规律为基础,通过政府主导和市场导向,制定和实施一系列引导社会经济发展、符合生态系统规律的强制性或非强制性的制度安排,引导、推动、保障社会产业活动各个环节的绿色化,从根本上减少或消除污染。

冷水江市的成功做法和经验是:

(1)培育壮大农业龙头企业。积极培育壮大龙头企业,扶持瑞生源、响莲实业、富康油茶林等农业产业化龙头企业,培育知名品牌,推动农业企业向规模化、产业化发展,形成了2家省级龙头企业,10家市级龙头企业,响莲实业实现年销售收入近亿元,瑞生源生物科技年产值上千万元。特别是成立于2002年的响莲公司在农业产业发展、致富农民群众上进行了新的探索。公司先后被授予市"农业产业化重点龙头企业",被省林业厅授予"省级林业龙头企业",农业部将公司列为"全国农产品深加工创业基地",科技部将葛根系列产品开发列入"国家星火计划项目"。"响莲牌"商标被评选为湖南省著名商标。2010年5月新开发的响莲科技生态园,占地280亩,从事葛根种植和加工,公司采用"公司 + 基地 + 农户"的发展模式,已与本市的梓龙、渣渡、毛易、中连、岩口、铎山及新化、涟源的1000多农户签订了合作合同,并成立了"响妈妈"葛根种植专业合作社。公司与湖南农业大学、湖南商学院和湖南微量元素研究所进行通力合作开发,重点推出"响莲牌"功能食品葛根系列产品、养生葛根面、葛根大米、葛参茶、葛参嚼口香糖、葛参速溶粉、葛根休闲食品等。2011年,新增了一条葛根面生产线,现在正准备购置一条新的葛根大米与葛根速溶粉生产线,扩大企业生产规模,提高经济效益,增加更多的劳动就业岗位。公司还将在生态科技园内建成生态农庄休闲场所,总投资将达1.5亿元。

(2)大力发展特色和休闲观光农业。按照"生态化、标准化、品牌化"要求,大力发展生态农业、特色农业、休闲观光农业,打造庭院经济、庄园经济。重点抓好中药材、油茶林、金银花、水产养殖、特色水果、无公害蔬菜基地和无公害养殖小区建设。大力发展特色农业,按照因地制宜的原则,在农村兴建中药材、油茶林、水产养殖、无公害蔬菜等基地,涌现出渣渡镇1.5万亩富康油茶林,矿山乡万亩金银花,铎山镇大坪村 3000 亩杨梅、眉山村千亩葡萄、三尖至禾青片万亩粮油等上规模的农业产业基地。同时大力发展生态农业和休闲观光农业,打造庭院经济、庄园经济。银凯假日休闲山庄成为湘中地区唯一的五星级农庄,三友农庄被省旅游局评为四星级农庄。2011 年,冷水江市农民人均纯收入达 8515 元,比 2010 年增长 17%,高于城镇居民收入增幅 5 个百分点。

2. 高起点编制规划

各乡村因地制宜,立足当前,着眼长远,注重规划的前瞻性、长期性,确保新农村建设有计划、有步骤、有重点地逐步推进。特别是搞好示范村建设,以点带面取得突出成效。

(1)编制好产业发展规划。培育壮大支柱产业和区域特色产业是发展农村经济、增加农民收入的根本出路和关键举措,直接关系到新农村建设的成败。冷水江市在新农村建设中充分考虑当地群众习俗和当地实际,科学制定产业规划,统筹农村第一、二、三产业配套发展,大力实施"一方一业、一村一品"战略,形成一批独具特色、竞争力强的优势产业,不断促进农村产业化经营,为农民持续增收指明产业发展方向。

(2)编制好基础设施、公益设施建设规划。冷水江市对农村交通水、电、通信等基础设施建设进行规划,在尊重传统的基础上适度超前,既避免好高骛远、铺张浪费,又注重长远发展,少走弯路,为农村经济健康持续发展打下坚实基础。

(3)编制好村居建设规划。针对现在农民住房格局比较杂和散的现状,冷水江市在尊重群众意愿的基础上,按照适度集中的原则,通过制定村居建设规划,合理规划村民聚居点,从而有效改变了"有新房无新貌,只见新房不见新村"的现象。

(4)编制好生态保护规划。冷水江市在新农村建设中不以破坏环境为代价,特别是在规划中要求突出抓好"净化、绿化、美化"工程,积极开展治脏、治乱和改水、改厕、改栏舍等工作,推广适合农村特点的沼气、太阳能等清洁能源,实行垃圾集中、无害化处理。这些都充分体现和贯彻了新农村建设中营造良好生态环境的基本要求。

3. 着力抓好新农村人才队伍建设

冷水江市的做法和经验是:

(1)培养造就有文化、懂技术、会经营的新型农民。首先,把农村义务教育当成刻不容缓的头等大事来抓,从源头上杜绝新文盲的产生;其次,抓好农民职业教育。把教育内容拓宽到第二、第三产业的知识与技能等方面。最后,大规模开展下乡服务活动,把文化、科技、信息、卫生知识等源源不断地送到农村、送给农民。

(2)建设高素质农村干部队伍。突出三个重点强化教育。第一,把思想教育放在首位,提高农村干部的思想觉悟和政治素养,提高他们对政策的理解能力,对问题的认识能力,增强贯彻落实党的各项方针政策的自觉性、坚定性。第二,加大致富本领的培训,提高农村干部带领群众发展经济、共同富裕的能力。第三,抓好农村政策法规教育,提高农村干部做好新形势下群众工作的本领,学会用科学的方法、合理的手段、优质的服务,提高工作的科学性、规范性。

4. 构建支持新农村建设的体制机制

冷水江市在新农村建设中,按照中央要求,从全局高度,以科学发展观为指导,用发展和战略眼光设计和构建支持建设社会主义新农村的体制和机制。

(1)创新政府农村发展管理体制。实行大农村管理格局,制定缩小城乡二元结构的一体化政策,促进城乡协调发展。包括建立起推进乡社会保障一体化的医疗卫生、就业和养老等社会保险制度等。

(2)完善乡村治理机制。完善乡村治理机制,是新农村建设的重要内容,也是新农村建设的重要保障。冷水江市的做法包括:一是加强农村基层党组织的建设,充分发挥农村基层党组织的领导核心作用。二是切实维护农民的民主权利。让农民群众真正有对公共事务的知情权、参与权、管理权、监督权,引导农民自主开展农村公益性设施建设。深入开展农村普法教育,增强农民法制观念,建设平安乡村。三是培育农村新型社会化服务组织,为农村发展提供有效服务。

第四篇

对策研究

第十章　新农村建设中经济发展与环境保护和谐演进的对策研究

新农村建设中经济发展与环境保护协调发展实现双赢是新农村建设的主要内容和主要任务。经济发展与环境保护之间存在着相互依存、相互矛盾的辩证统一关系。经济的发展要受到环境、资源的制约,没有环境资源的支撑,经济发展无从谈起。同时环境也会受到经济发展的制约和影响。这就要求我们既不能把经济发展和环境保护等同起来,也不能把两者割裂开来,新农村建设不能以牺牲农村的环境资源为代价,应当在经济发展与环境保护和谐演进中寻求两者的协调发展。本章将在上述各章严谨的理论和实证分析的基础上探讨实现两者双赢的系列对策。

一、从转变思想观念入手,加强全民生态环境意识建设

在新农村建设中,少数地区把环境保护和经济发展对立起来,为片面发展产业而过度使用生态资源,甚至以牺牲环境为代价,换取暂时的局部经济增长;对优化产业产品结构认识不足,继续搞低水平重复建设,没有把环境保护纳入经济发展中来。造成这种现象的原因有多方面,但以经济效益为唯一评价指标、生态观念淡薄是重要原因。提高环境保护意识,关键是要加强社会各个决策层的环境意识,只有各级领导的环境意识提高了,才能保证政策决策的正确性和准确性,从而确保环境与经济得到协调发展。同时,环境保护不是单单靠决策者就能够真正实现的,所有的环保措施都需要每个公民的参与。小到像垃圾分类、电池回收、节约用水,大到像修堤筑坝、防沙造林等活动。这一切都需要从提高全民特别是农民群众的环保意识着手。

保护与改善农村生态环境,起决定作用的是农民综合环境保护意识的提高,因而,需要切实唤起农民的生态意识,加强生态道德教育,帮助农民全面科学地认识和处理人和自然的关系,使他们在改造自然的活动中受到理性和道德的约束,自觉地处理好人和自然的关系,走可持续发展道路。

(一)加强生态环境教育,提高农民环境保护责任意识

提高农民的环境意识,首要任务是不断提高农民的环境保护责任意识。要持之以恒地开展生态保护相关政策、法规和环境知识的宣传教育,使人们具备资源与环境科学的基本知识。要教育和引导农民深入认识人类赖以生存的环境及其规律,自觉地处理与协调发展经济与保护环境之间的矛盾,决不能走"先污染后治理"的路子。要教育和帮助农民改变落后的生产生活方式。特别是要强化农民的土地和耕地资源保护意识,牢固树立土地是宝、无地不活的土地观;要把生态教育与计划生育宣传教育结合起来,严格控制人口数量,优化人口布局,提高人口素质。在知识经济时代,高素质的人口越来越成为经济可持续发展的动力源泉。人口的合理发展对于环境经济系统的相互协调起着决定性的作用。我国人口多,基数大,这是制约生态环境与社会经济协调发展的一个重要因素,也是人口素质低下和贫困落后的根源之一。应把生态教育纳入义务教育。在现阶段,更应该建立绿色教育机制,"从娃娃抓起",从身边可做的具体事情做起,逐步养成生态文明的理念。当前要从以下几个方面着手:在中小学校开展普及环境知识的教育,将其渗透到各科教学中,增强学生保护环境的意识和责任感;在高等学校非环境类专业教学中开设环境学课;对政府管理者进行环境与可持续发展的强化教育。同时,要利用农民群众喜闻乐见的形式,充分发挥新闻媒体、文艺团体、环保团体的积极作用,大力发展生态文化,在文学创作、书画、摄影等文学领域开展多种形式的生态宣传教育,使所有的单位、家庭和个人都行动起来,人人参与生态建设,不断增强亿万农民群众关心、爱护与改善环境,共建美好家园的责任感和自觉性。

（二）树立和践行生态价值观

正确处理人和自然的关系，在新农村建设中促进经济与环境和谐发展，从价值理念的层面说，应着力破除传统工业文明的人类中心主义价值观，树立和践行生态价值观，这是加强全民生态环境意识的观念基础。人类中心主义价值观过于强调人是自然的主宰，人的生存和发展是绝对价值，人之外的存在物只具有服从人类需要的工具价值。法国近代哲学家笛卡尔所说的要借助实践哲学使自己成为自然的主人和统治者，就是其中比较有代表性的观点。在人类中心主义价值观的支配下，人类选择了以科学技术为手段、以财富增长为目的、以征服自然为指向的发展模式。这种发展模式在给人类带来物质繁荣的同时，也带来许多人们不曾想到的负面作用：人类不断试图征服自然，又不断受到自然无情的报复。与人类中心主义价值观不同，生态价值观既承认自然的优先地位，又肯定人的主观能动作用，强调二者的有机统一。具体而言，就是强调人是自然的产物，是自然生态系统的一部分，与地球其他生物共享这一系统，其生存和发展有赖于自然生态系统的完整和优化。同时，人类在享受自然、改造自然的过程中应自觉地承担爱护生态、保护和优化自然环境的责任与义务，而不能随心所欲、恣意妄为。生态价值观的核心，在于通过人类的自觉意识和努力，在人与自然之间建立一种新型关系，即人与自然和谐发展。

消费是人类经济社会生活的基础性内容。树立和践行生态价值观，一个关键问题是破除"异化"消费观，树立和践行生态消费观。"异化"消费观的核心思想是鼓励"炫耀性消费"、"奢侈性消费"、"便利性消费"，把消费视为人的自我价值实现和幸福体验的主要方式，鼓励人们把消费活动置于日常生活的中心位置，并不断增强对消费的追求。在这种观念的主导下，消费成为生活的最高目的，人反而受到消费的控制，成为消费的奴隶。相反，生态消费观把消费视为一种手段而不是目的，反对各种奢侈和浪费行为，强调以尽可能少的资源和环境代价来满足人的物质文化需求；既强调通过消费来满足人的当前利益，又关注消费对人的长远利益的影响，以能否促进可持续发展来考察和衡量消费行为。

(三)充分发挥传统文化和村规民约的积极作用

博大精深的中国传统文化蕴含了丰富的生态伦理智慧。如"天人合一",主张人与自然和谐相处。"丰衣足食,勤俭持家"的生活哲学教育人们勤劳节约,反对铺张浪费,在此基础上我国广大农村积累和形成了很多行之有效的乡风民俗、民间规约,直到今天它们仍然对农村特定社会组织成员具有较强的凝聚力、亲和力,在新农村建设中发挥着不可忽视的作用。所以,应当通过国家法律法规的影响和各级政府政策的导向,广泛发挥这些有关自然资源环境方面的村规民约、文明公约等的积极作用。事实上,自新中国成立以来,凡涉及大规模的群众性社会改造活动,包括配合《婚姻法》、《森林法》、《草原法》、《水法》等的贯彻实施,各地都充分发动群众订立了大量诸如《封山育林公约》、《土地承包公约》、《水资源保护公约》、《计划生育公约》等民间规约,它们在形式上、内容上配合国家法律的实施和政府施政方针的贯彻,充分发挥了对国家法规的补充、协调和辅助作用。所以,在社会主义新农村建设中,提高广大农民的环保意识,需要继承和发扬我国优秀传统文化中的生态伦理思想,"古为今用",同时充分发挥部分村规民约的积极作用,并使之在与国家政策和法律的不断调适中与时俱进,实现良性互动。

二、完善相关制度,强化环境管理

从 1973 年召开第一次全国环境保护会议到现在,我国在积极探索环境管理办法中,制定了具有中国特色的环境管理八项制度,即环境保护目标责任制;综合整治与定量考核;污染集中控制;限期治理制度;排污许可证制度;环境影响评价制度;"三同时"制度;排污收费制度。

加强环境管理是我国环境保护工作的一大特色,"八项制度"是我国环境管理的成功经验和强化环境管理的主要手段。实践证明,通过加强制度建设,强化环境管理,能起到少花钱、多办事、办好事的效果。在新农村建设中,应在全面深入贯彻落实"八项制度"的基础上,不断加强环境管理制度建设,进一步健全和完善农村环境管理制度体系。

(一)加强制度设计,促进经济与环境协同发展

制度学派认为,制度是由人设计和制定的,它的重要功能是为人类交换(包括政治、社会、经济)活动提供激励机制。因此,使生态与经济协调发展的制度安排必须提供这种激励和约束机制。由于外部性的原因,单个企业不可能承担它所引起的环境污染的全部成本,同时它也不能获得自己改善环境进行投资所得到的全部收益,如果没有政府的干预,企业宁愿生产更多的环境污染而不愿意投资改善环境。生态环境保护的成本与收益的不对称使传统经济分析方法失灵。克服成本与收益的不对称性,消除个人收益和社会收益、个人成本与社会成本的不一致性是建立能使生态与经济协调发展的制度安排关键。政府可以通过责、权、利的界定,使外部问题内部化;运用将环境污染的成本和环境改善的收益引入企业总成本和总收益的方法来激发企业改善环境的自觉性和原动力。这一方面需要建立反映生态环境状态的价格体系。另一方面政府也可以通过制定法规,防止企业在生产过程中造成环境污染,建立生态破坏限期治理制度。制定生态恢复治理检验或验收标准,坚决贯彻开发利用与保护环境并重和谁开发谁保护、谁破坏谁治理、谁利用谁补偿的方针,将行政手段与经济手段、政府干预与市场机制结合起来,促进经济与环境协调发展。

(二)建立环境税制度

强化对环境管理的经济手段,重要的一项举措是建立征收环境税制度。环境税是一种全新的税种,在市场经济体制下,征收环境税是一种保护生态环境的重要经济调节手段。它是针对目前日趋恶化的生态环境而提出的。在国外,很多国家都采取了一系列措施,对破坏生态环境的活动进行管理,其中包括征收消费税、支付信用基金、征收生态税、征收意外收益税、征收收入税等。从经济学的角度看,生态环境是一种资源,而且随着社会的发展,它的稀缺性日益明显,正是这种稀缺性才体现出生态环境的经济价值。所以,环境税实际上可以看作是一种生态环境补偿费,是一种生态保护的平衡机制。它把应由资源开发者或消费者承担的对生态环境污染或破坏后的补

偿,以税收的形式进行平衡,体现了"谁污染谁治理、谁开发谁保护,谁破坏谁恢复、谁利用谁补偿、谁收益谁付费"的生态环境开发利用保护原则,从而确保在环境的使用上不再有"免费的午餐"。

(三)健全环境信息公开制度

环境信息作为一种新的环境管理手段,已成为继环境管理指令性控制手段和市场经济手段之后的新的环境管理模式和发展方向。

我国开展环境保护事业几十年来,一直将重心放在城市环境治理和保护上,长期疏于对农村环境的必要关注,环境保护法律文件中只有极个别法律文件涉及农村环境保护问题。尤其突出的是农村环境信息公开工作的严重缺位,城市和农村环境信息公开工作差距悬殊。环境信息公开是其他环境管理手段的重要前提,环境管理传统手段指令性控制手段和经济手段效用的充分发挥都离不开环境信息的公开。全面、客观的环境信息是农村环境管理中做出正确的环境决策指令的基础。企业等环境主体的行为、产品信息的公开,有利于管理部门和农民群众对其充分了解,通过经济手段进行评价、监督及施加压力,促使其逐渐消除环境危害行为。在新农村建设中必须高度重视环境信息公开在实现新农村环境治理中的重要作用,逐步建立健全农村环境信息公开制度,切实加强对农村环境信息公开工作的组织与管理,从而达到制约环境作为、改善环境质量的目的。

(四)完善农村环境审计制度

长期以来受城乡二元社会结构以及农业支持工业的政策影响,农村各项环境事业发展相对滞后,使环境审计在农村开展几乎不可能。从环保政策看,我国农村环保均沿用城市的一套政策。从环境管理来看,农村环境管理主体即被审计责任单位缺失,环境审计工作无法开展。从现行审计体制看,国家审计机关逐步退出乡镇审计,内部审计、民间审计也极少涉足农村。农村审计仅仅作为上级财政财务收支审计、重要项目审计等的必要延伸,成为整个审计体系的薄弱环节。

环保各相关部门是目前我国环境监管的主体,但其职能被弱化。城乡二元社会结构造成的城乡诸多差异,以及我国农村与发达国家农村情况的迥异,决定了我国农村环境审计工作不能照搬我国城市和发达国家农村的经验。审计机关作为综合性经济监督部门,应该参与到农村环境这项工作中来,充分发挥其在环保方面的监督、制约和促进功能,切实推进环境审计在广大农村的有效开展。要逐步改革现行的行政型审计模式,实行政府审计的垂直领导,保证基层审计工作的独立性、权威性。逐步把审计职能从挂靠机构分解出来组建专门规范的乡镇审计机构并纳入国家审计体系。在审计计划上,尽量把涉及农村的环境项目纳入审计范围,特别是乡镇政府环保资金的分配、使用等环节。在审计项目选择上,应以"全面审计,突出重点"为原则,找准突破口,如东部农村的乡镇企业审计、西部农村的生态工程审计、重点村镇的环境审计等。在环保管理体制上,要明确各级政府在农村环保中的责任,将其纳入公务员考核机制,引导政绩观向注重绿色 GDP 的转变,树立资金下移建设农村的理念,深入了解农村环境现状,不断完善和规范基层行政管理体制。改变环境管理工作分散而效率低的现状,将分属各部门的资源、环保职能统一由国家环境主管部门负责,减少部门间的交叉与矛盾。环境审计报告公布后与环保部门合作建立村镇环保数据库,完善环境监测、统计系统,为后期审计提供资料。

三、以建设"两型"新农村为基本特征,根本转变经济发展方式

党的十六届五中全会提出,我国社会主义新农村建设以"生产发展、生活宽裕、乡风文明、村容整洁、管理民主"为基本目标,以建设资源节约型和环境友好型新农村为基本特征。其本质要求是在发展农村经济、建设新农村的过程中,要以最节约能源、最有效配置利用资源、最低环境生态负荷的方式,实现农村经济发展方式的根本转变,充分体现可持续发展战略的要求。

(一) 在生产、流通、消费各环节充分体现"两型"要求

节约型、环境友好型社会是我国未来发展的总体目标,新农村建设也必须以此为原则,加强对农业资源环境的保护力度,逐步弱化资源环境对农村经济发展所呈现出来的瓶颈约束作用,最终实现农村社会、经济、资源环境三大系统的协调发展。总体上说就是要通过采取法律、经济和行政等综合性措施提高资源有效利用,以最少的资源消耗获得最大的经济效益和社会效益,以保障经济社会的可持续发展,包括在谋求经济发展的同时尽量减少对资源消耗的浪费,厉行节约;在生产过程中用尽可能少的资源创造同量甚至更多的财富,提高资源的利用率和利用效率。同时,以资源环境承载力为基础,改变高消耗、高污染、低效率的传统经济增长模式,构建低消耗、少污染、高效率的新型经济增长模式;加强宣传和教育,转变消费方式和生活方式,倡导绿色消费与合理消费;加快技术进步,开发和创新有利于资源节约、环境保护的绿色技术,从而建立环境友好生产体系、消费体系和科技体系。

(二) 建立"绿色 GDP 核算体系"

从传统发展方式向可持续发展的转变,会涉及经济、社会、政治和文化的各个方面,主要包括经济增长方式和消费方式的转变。经济增长方式是推动经济增长各生产要素的投入及其组合方式。若经济增长主要靠要素投入的增长来推动,则可称之为粗放型经济增长方式,其特点是"高投入、高消耗、高排放、不协调、难循环、低效率";若经济增长主要依靠要素使用效率的提高来推动则可称之为集约型增长方式,是一种"科学、质量、效率和效益"相协调的增长方式。实现经济增长方式从粗放型向集约型转变,是提高资源转化率和经济效益,减少污染物排放量的根本出路。从扩大再生产方式来看,应由外延型扩大再生产向内涵型扩大再生产转变;从速度和效益来看,应由速度型向效益型转变;从投入产出来看,应实现"低投入、低产出→高投入、高产出→低投入、高产出"的转变,只有这样,才能在实现中国经济持续、稳定、快速发展的基础上,实现对自然生态环境的保护(曹新,2004)。增长是发展的基础,我们不能不重视经济增长的速度。但是在估算经济增

长速度时,除了计算物质资本的成本外还要核算自然资本损耗的成本,将自然资源环境纳入国民经济核算体系,建立绿色 GDP 核算体系。在衡量经济发展的指标中,要建立一套能够反映生态环境的指标体系,使生态环境的质量成为衡量发展水平的重要标准。对于人类来讲,清洁的水和优美的自然环境与其他消费品一样重要。优良的生态环境所产生的效用可以为社会和每个成员所分享,而高质量的消费品只有那些能为它支付货币的人才能获得。生态环境改善,更能体现经济发展的要求。经济发展不能只有经济增长这个单一目标,要根据发展实际,将生态环境保护和经济社会协调发展纳入发展目标之中,实现经济发展目标由单一型向综合型转变。

(三)优化产业结构,大力发展生态农业

推进农村经济发展方式的转变,调整和优化产业结构是关键。一是在产业安排上,要坚决淘汰资源、能源浪费大以及高污染的产业和产品,大力发展生态型农村工业和农村服务业,走农村新型工业化道路。发展生态型工业,是当今社会发展的客观必然趋势。要利用当地资源,依靠科技进步,积极开发、引进无"三废"或少"三废"排放的新工艺、新技术、新设备,积极推行清洁生产并生产出符合生态标准的产品,形成污染轻、效益高的新模式。二是要调整和优化农业结构,大力发展生态农业。调整农业结构,其基本要求是要在优化农业区域布局的基础上,通过调整农业内部种养结构,发展优质、高产、高效农业,尤其要大力发展生态农业。生态农业是能够节能、保护自然资源、改善生态环境和提供无污染食品的农业。生态农业建设是生态环境保护和农村经济协调发展的有效途径。要认真总结经验,加强组织领导,依靠科技创新,把建设生态农业与农业结构调整结合起来,与改善农业生产条件和生态环境结合起来,与发展无公害农业结合起来,把生态农业建设提高到一个新的水平。

四、强化法律监管手段,加强农村环境保护法制建设

解决我国农村的环境问题,必须加强政府对环境的监管。环境监管手

段包括行政、经济、法律和技术等多种手段。其中法律手段在环境管理中具有特殊的地位和作用。目前我国农村环境保护的立法仍显薄弱。我国已初步形成了一个以《中华人民共和国环境保护法》为主体的环境保护法律法规体系,但此体系中没有综合性的农村环境资源保护法规或条例。《环境保护法》对农业环境保护虽有涉及,但很简单,而且未能将农村环境、农业环境和农业自然资源的保护统一起来;《农业法》仅对农业资源和农业环境保护作了原则性的规定;《农业技术推广法》中涉及了农业环境保护技术的内容;《基本农田保护条例》中也有关于基本农田环境保护的规定。这些环境法律法规都涉及了农业环境保护,但是未有直接涉及农村环境保护的内容。目前我国大部分省、自治区、自辖市都颁布了省级的农业环境保护条例,但内容差异不大,其重点是农业生物的环境因素保护,未把农村、农民、农业看作一个有机整体予以关注。总之,我国现有的农村环境保护立法主要的关注点是农业环境的保护,主要是由农业行政主管部门监督实施。与此同时,我国农村环境保护执法不严,在执法的广度和深度上,都还存在不少问题。执法队伍建设滞后,许多地方没有专门的环境执法队伍,有些法律部门对环境保护法律法规不熟悉,缺乏必要的技术手段,遇到技术性较强的问题束手无策,特别是遇到严重的突发事件时,缺乏应急能力和措施,致使环境安全问题不能及时解决,造成更大损失甚至留下后患。

(一)完善农村环境保护立法

农村环境保护法制建设是我国农村法制建设中的关键一环,目前虽然部分省市相继出现了《农村环境保护条例》,但全国统一的相关法律并未出台,我国应尽快制定《农村环境保护法》或《农村环境保护条例》,作为国家农村环境保护的基本法规。其法律制度安排应包括下列基本内容:第一,从农村整体发展要求出发考虑农业发展、生态环境影响、资源短缺和保护生物多样性等一系列问题,把农村经济与环境协调发展理念贯穿于农村污染防治等各个领域,实现环境保护服务于农村经济可持续发展的要求。第二,把对农村领导干部环境保护工作的考核纳入其中,应包括公众环境质量评价、空气质量、饮水质量、环保投资增长率、群众性环境诉求事件数量等要素。建立农村环境强有力的管理制度、排污收费制度、排污许可证制度、环境影响评价制度等制度,使农村环境保护真正有章可循、有法可依。

(二)加大农村环境管理执法力度

要建立、健全农村环境管理机构和队伍。目前,我国特别是县级以下的农村环境管理机构和队伍十分薄弱,只有加强机构和队伍建设,才能有效推进环境管理和执法工作。对于严重破坏农村自然资源、污染农村环境的恶性事件,必须加大打击力度,严惩不法分子,对于严重渎职、违法乱纪,造成农村生态环境重大损失的国家工作人员,要依法追究其行政、刑事责任。要坚持预防为主、防治结合、综合治理的原则,不断提高我国农村环境管理水平,为实现我国现代化建设的宏伟目标创造良好的环境条件。

(三)加强农民环境权法律保护

随着生态环境的不断恶化,环境问题越来越为社会所并注,人们对环境的权利要求随之产生并日趋强烈,环境权应运而生。环境权是指环境法律主体就其赖以生存、发展的环境所享有的在健康、安全和舒适的环境中生产和生活的权利,主要包括环境享有权、参与权、知情权、检举权、请求权、索赔权、诉讼权等。加强农民环境权保护对促进新农村建设具有重大意义。但我国在保护农民环境权方面还存在诸多不足,公民环境权缺乏明确法律规定,亟须进一步完善环境立法,以更好地推护农民环境权。

一要从法律上明确公民环境权,将环境权作为公民的基本权利写进宪法,加以明确规定,以确立公民环境权的宪法地位。只有这样,才能充分保证公民的环境权,使环境权成为环境基本法的立法依据,并加以具体化和深化,为民法、行政法、刑法、诉讼法等部门基本法的立法提供坚实的基础。

二要在环保法律法规中明确环境权的内容。环境权的核心在于保障当代人和后代人对环境的合理利用,以获得生存和发展的必要条件,其主要内容应包括三个方面:一是公民拥有在良好、适宜、健康的环境中生活权利;二是公民拥有参与国家环境管理,维护其生存环境的权利;三是公民拥有环境救济权。此外,公民环境权作为法律上的权利,是权利与义务的统一体,公民除了享有以上环境权利外,还负有保护环境的义务。

五、明确政府责任,健全决策机制

环境保护尤其是农村环境保护本身是一项公共服务,属于责任主体难以判别,公益性很强,没有投资回报或投资回报率较低的领域,对社会资金缺乏吸引力,政府必须明确自身责任,健全决策机制。

(一)抓好新农村战略规划的制定实施

明确政府责任,完善决策机制,重要的是要抓好新农村战略规划的制定与实施,确保把环境保护作为决策的重要环节,从源头落实环保基本国策。各级政府要依法承担起改善环境质量和环境管理的责任,牢牢树立科学的发展观念,转变把环境因素置于决策之外的决策模式,实行环境与发展综合决策。同时,要把环境保护纳入各级政府的政绩考核,教育干部树立长远的、可持续的政绩观,改变以牺牲长远利益换来短期效益的政绩观。在战略规划和决策过程中,不仅要正确处理城乡关系,而且要统盘考虑经济发展与资源环境保护因素,把经济与环境纳入统一的决策体系,并由权威性的决策机构,采取科学有效的决策方法,制定出切实可行的决策方案和发展规划加以实施。通过综合决策实现经济效益、环境效益和社会效益的高度统一,促进农村经济社会与资源环境的协调发展,构建具有新风貌、新特征的新型社会主义新农村。

在新农村建设中,科学的规划是前提。我们过去在制定规划和政策的过程中,由于没有充分考虑可持续发展,没有充分考虑环境因素,没有考虑生态脆弱的承受力,致使我国经济长期处于拼资源、拼环境的粗放型增长。我们再也不能按照我国城市规划那样去规划新农村。在新农村战略规划制定和实施中,指导思想上必须始终坚持两条基本原则:第一要统筹兼顾,做到农村经济建设与生态环境建设协同一致。国内外经验表明,新农村建设必经以大力促进农村经济的发展,壮大农村物质基础为根本,但与此同时,我们必须高度重视农村生态环境问题,新农村建设与环境治理要同步进行,环境规划和经济发展规划、村庄规划要互相协调。要确立环境优先发展理念,走新型建设路子,建立资源节约型新农村经济体系,不断维护生态平衡和社会经济的可持续发展。第二是要全面规划,实现治理与有效预防有机结合。规划落后于发展,是造成以往污染物处理难、污染源影响大和生态破坏严重的重要原因。从某种意义上说,规划就是治理与预防,规划就是节约与有效利用。各地在新农村建设中,必须全面贯彻绿色理念,做到规划先行。一是要全面铺开,即全国各个村镇进行新农村建设都必须先有规划,绝无例外;二是规划的制定要以保护环境、还原生态、节约资源为宗旨;三是规划力求周密细致。要制定农村土地的功能分区规划,各功能分区内部规划讲求布局合理、体现特色、绿化为先,尽量少走弯路。在农村聚居点尤其要做好地上地下水、垃圾处理等基础设施配套建设规划。

(二) 抓好城乡环境保护统筹规划

城乡环境均属我国大环境的重要组织部分,不管城市还是乡村的环境污染都会给彼此造成巨大损失。因此,保护新农村的生态环境,必须打破城乡生态环境彼此分割的旧观念和旧格局,将城市与农村的环境作为全国大环境系统中的子系统,在环境保护上要统一规划,在污染治理上要统一部署,做到统筹建设,统筹配置。新农村环境的保护仅有良好的愿望和规划是不够的,重在建设是实现新农村生态环境与城乡生态环境和谐发展的关键。统筹环境建设的重点是环保基础设施建设。鉴于现阶段城乡环保基础设施的差距,必须从宏观上调整环保资源的配置方向,着力加强新农村环保设施建设,以做强、做大农村环保这条"短腿"。

要促进现有的环保机构向农村延伸,并逐步向农村配备有技术、懂业务的环保人员,同时实施城乡一体化领导。城乡共同努力,加大对污染源尤其是对"面源污染"、"白色污染"的治理力度,寓环境保护、生态建设于新农村的建设发展之中,实现城乡环境共存共荣。

六、发挥政策引领作用,确保农村环境建设资金投入

在新农村建设中,资金的匮乏是最大的困难,而解决这一问题最有效的方法是充分发挥政策对资金投入的引领作用。

(一)进一步完善财政和投融资政策

要动员全社会力量,多方筹集新农村建设资金,带动社会资本特别是民间资本和外资投入新农村建设中,建立国家、集体、个人和外资等多渠道、多层次、全方位筹集资金的投融资体系。一是对于环境基础设施建设,以财政投入为主,实行多元化筹资,运营可以实行市场化;企业治理按照"污染者负担"的原则自己治理,自己无能力治理或为了经济合算的目的可以出钱请他人治理;危险废物实行行政代执行制度。二是对于跨区域、流域环境治理由上一级财政支持,省界问题由中央来协调。三是生态环境保护由财政解决,也要吸引民间投资;只有生态效益的生态环境建设项目的资金主要靠财政,具有一定经济效益的开发性项目主要靠市场。四是国家环保总局建设的监测能力项目,由国家财政和各省、市财政负担。世行、亚行的援助、贷款资金,向环保、扶贫项目倾斜(蔡平,2004)。

要编制并发布鼓励生态产业发展和生态环境建设的优先项目目录,并对这类项目提供优惠政策。第一,严格限制措施。对于小规模、污染严重的工业项目和夕阳产业,在贷款上予以限制,提高固定资产调节税率,制定出台外贸出口标准和清单,加大市场压力使其失去竞争力。第二,制定补助政策。对环保产业予以倾斜优惠,包括对清洁生产、综合利用、环境产业、绿色技术等方面给予贷款支持;在贷款利率、利率保证金、贴现等方面享受优惠政策,同时要进一步扩大税收的优惠税种的适用范围和适用主体(王立国,2005)。

(二)建立健全资源环境价格政策体系

价格手段在市场经济条件下对配置环境资源、提高环境管理的效率具

有独特作用。要进一步明确产权关系,通过责、权、利的界定,采用将环境污染的成本和环境改善的收益引入企业总成本和总收益的方法来促进企业改善环境。积极培育环境资源市场,建立合理的环境与资源价格体系。

目前,我国很多资源能源的价格偏低,有的甚至无偿使用,造成低效率和资源利用的浪费。工业部门没有节约、循环使用资源能源的积极性。一些地方的水利设施、供水项目甚至连运行维护的成本都难以回收。回收利用资源能源的不经济,导致许多原先并非是污染物的物料排入环境。农药价格的低廉,限制了综合性的害虫控制管理技术的推广,增加了健康和生态成本。此外,低价政策引发了寻租行为,寻租既加剧了危害环境现象的发生,又增加了社会成本。

我国在今后的深化价格改革中,应对不进入市场的环境要素开征有偿使用费,建立统一的价格市场,消除市场交易价格失灵,按长期供给边际成本定价,以准确反映经济活动造成的环境代价。

(三)建立健全资源与环境生态补偿政策

生态补偿起源于德国 1976 年开始实施的 Engriffsregelung 政策和美国 1986 年开始实施的湿地保护 No-net-loss 政策,生态补偿对促进生态环境起到了良好的保护作用。

生态补偿机制作为一种有效调动生态建设积极性,促进环境保护的利益驱动机制、激励机制和协调机制,其实质就是通过一定的政策手段实现生态保护外部性的内部化,让生态保护的“受益者”支付相应的费用,使生态建设和保护者得到补偿,通过制度创新解决好生态投资者的回报,激励人们从事生态保护投资并使生态资本增值(毛显强、钟瑜、张胜,2002)。其主要内容包括:实施污染物排放总量初始权有偿分配,给企业发放排污许可证,推进环境保护市场化运作;制定碳排放强度考核制度,形成控制温室气体排放的体制机制。

当前和今后一段时间必须重点抓好以下工作:第一,逐步建立并完善生态补偿的立法进程。第二,处理好生态补偿的几个重要关系,即中央政府与地方政府的关系、政府与市场的关系、生态补偿与扶贫的关系、“造血”补偿和"输血"补偿的关系、综合平台与部门平台的关系等。第三,完善生态补偿管理体制。第四,有序推进排污权交易试点工作。第五,建立适应生态补偿要求的资金保障机制,包括:完善现行保护环境的各项税收政策,为生态补偿机制的建立提供财力保证;进一步完善生态补偿机制的收费政策,按"资源有偿使用"原则,对重要自然资源征收资源开发补偿费,除了收取排污费外,还应扩大收费范围;中央和省级财政都应设立生态环境建设专项资金,并列入同级财政预算予以保证,同时要明确资金投入的重点区域和重点行业,对环保新技术、新工艺项目予以倾斜。

七、加强科技创新推广,完善技术支撑体系建设

农村发展中存在着因农药化肥过度使用导致的农村生态系统恶化,工业、集镇污水导致的农业水域污染,人畜粪便、生活垃圾污染,农作物秸秆浪费燃烧污染等四大环境问题,其解决的有效途径就是要不断推进科学技术,尤其是生态技术的创新与推广。人类在面临经济发展与环境保护的两难境地时,科技进步是最有可能带来根本性转机的一条道路。

在资源节约、环境友好型新农村建设的思想指导下,我们应借鉴国外有益经验和引进先进科学技术,推动资源环境保护技术的进步,加快三次产业的结构调整和升级换代,加快工业化、农村城市化和现代化进程。通过企业生产技术的进步达到低投入高产出、节能降耗、减少污染的目的;通过开发清洁生产技术、废物回收利用技术、资源替代技术,扩大资源承载力和环境容量,为资源环境与农村经济社会的协调发展提供技术支撑。具体应突出抓好以下几项工作:

(一)实施乡村清洁工程

以"农村废弃物资源化利用"为突破口,变"三废"(粪便、秸秆、垃圾和污水)为"三料"(肥料、燃料、饲料);以"三节"(节水、节肥、节能)促"三益"(生态、社会、经济效益),实现农业生产条件、农村生态环境、农民生活质量改善。从目前的情况看,技术创新和转化还有较大的空间,有关部门要进一

步组织加强对同类贴近农民需求的各类技术研究,加快普及和推广;同时制定相应的政策措施,积极倡导文明生产清洁生活,引导农民和企业采用环境友好、清洁生产技术和模式。以村为单元,以农户为基础,通过配套建设人畜粪便和生活污水净化处理设施、农村废弃物分类收集与处理利用设施、农田有害废弃物收集设施,综合集成推广各类资源节约与环境友好型生产技术,推进农药化肥减施,人畜粪便、农作物秸秆、生活垃圾和污水的综合治理与转化利用,实现"田园清洁、家园清洁、水源清洁"的目标;通过建立乡村物业站,创新构建"多方参与、农民自主管理、自我服务、自我发展、良性运转"的物业化管理和服务机制,从根本上实现农业生产方式、农民生活方式、农村社会化服务方式的转变。

(二)用生物农药替代化学农药

在对农田生态系统破坏的所有因素中,化学农药是最严重的。因此,代之以符合环保、健康、可持续发展理念,有效、低毒、低残留,并与环境治理相容的生物农药将是必然选择。

生物农药是指利用生物资源开发的系列农药。分为物源农药、微生物源农药和动物源农药等,这些生物农药的研制、生产和推广,为逐步取代化学农药创造了条件。随着科研投入的加大,各种性能优良、符合环保要求的生物农药将会不断涌现,生物农药彻底取代化学农药将成为现实。

(三)全面推广沼气技术

我国是一个人口众多、资源相对匮乏的发展中国家,当前又处在国民经济高速增长期,煤、油、电等常规能源的紧张局面在短期内很难得到缓解。农村能源的短缺将会长期存在,并严重制约着农村经济和社会的发展。与此同时,化肥、农药、人畜粪便、农业废弃物污染越来越严重。大力开发利用太阳能、生物质能等可再生能源,不仅可以有效地缓解能源危机,从根本上改变农村能源短缺的局面,而且还能使农业走上生态良性发展的道路。沼气技术就是目前生物质能利用最成熟的技术,是解决农村诸多生态问题的良药妙方。

(四)完善环保技术研发推广体系

依靠科技进步保护环境,发挥科技第一生产力在环境保护领域的作用,关键在于科学技术的研发与推广。要整合动员和发挥各方面的科技能力,集中力量研究当前环境与发展领域的热点、难点问题,开展应用技术的研究推广,要加速先进环保科技成果转化为生产力,逐步形成环境保护技术研发推广体系,将环境保护产业培育为新的经济增长点。

八、大力推进循环经济发展模式,走低碳经济发展道路

循环经济的本质是一种把清洁生产和废弃物综合利用融为一体的生态经济,是在可持续发展的思想指导下,按照清洁生产的方式对资源及其废弃物实行综合利用的生产活动过程。在技术层次上,循环经济是与传统经济活动的"资源消费—产品—废物—排放"开放(或称为单程)型物质流动模式相对应的"资源消费—产品—再生资源"闭环型物质流动模式。其技术特征表现为资源消耗的减量化、再利用和资源再生化。其核心是提高生态环境的利用效率。实行资源和废物的综合利用和循环利用,使废物资源化、减量化和无害化,把有害环境的废弃物减少到最低限度,这是循环经济的一条重要原则和重要标志。

(一)从实际出发发展循环经济

循环经济是农业污染的"克星"。但考虑到我国是农业大国,自然条件、生产习惯、生活方式、发展水平千差万别。所以,各地应根据实际情况,推进农村循环经济的发展。在工业化、城镇化水平比较高的地区,对土地的依赖性逐步弱化,可通过土地制度改革,发展多种形式的适度规模经营,实现农业经济的大循环。这既可以解决承包制下分散耕种造成的污染,又能够提高农业生产效率。在一些经济欠发达地区,农民对土地的依附性较强,并且人少地多、居住分散,这些地区宜发展以家庭为主的小循环。

(二)充分发挥政府的主导作用

一是把农村经济纳入社会经济的大循环。农村经济发展和农村污染治理,依靠农村农业本身难以解决,有赖于非农产业和城市协同作战。二是农村循环经济的发展看起来是农民的事,其实质却涉及方方面面。因此,政府在建设新农村中突出规划、组织、协调非常重要。发展农村循环经济需要大量资金投入,作为弱质产业、弱势群体的农业和农民,亟须政府的帮助和扶持,包括政策、资金等。

(三)企业与区域紧密结合协同推进

一是以单个企业作为切入点,建立起企业资源节约、环境友好型生产和资源循环利用模式,形成单个企业的良性小循环。这可以从提高企业资源利用率入手,加大企业清洁生产的力度,引导企业开展 ISO9000 质量体系认证、ISO14000 环境体系认证,要求企业建立健全资源节约管理制度,加强资源消耗定额管理,改进工艺流程,努力提高能源、原材料利用率,减少污染物的产生和排放,加强废弃物的回收利用。二是以区域产业作为切入点,积极支持建立生态工业园、生态农业园,扩充和完善产业链条,建立健全资源互补型产业,促使各类资源在区域内循环利用,形成区域经济的大循环。此外,还应该加强循环经济的法规体系建设,在全社会推广宣传循环经济,加强循环经济知识培训,构建和谐的人居环境体系,加快城市和农村生活污水处理再生利用设施建设,建立垃圾分类收集和分选系统,不断完善再生资源回收、加工、利用体系,鼓励企业开展有利于循环经济的技术创新。

(四)推行清洁生产

清洁生产是循环经济的核心组成部分,是一种可持续发展战略指导下的全新生态工业生产模式。主要要求从生产的源头,包括产品和工艺设计、原材料使用、生产过程、产品和产品使用寿命结束以后对人体和环境的影响等各个环节都采取清洁措施,预防污染的生产或把污染危害控制在最低限度,以实现低消耗、低污染、高产出的目标。

(五)走低碳发展之路

在全球气候变暖的背景下,以低能耗、低污染为基础的"低碳经济"成为全球关注热点。欧美发达国家大力推进以高能效、低排放为核心的"低碳革命",着力发展"低碳技术",并对产业、能源、技术、贸易等政策进行重大调整,以抢占先机和产业制高点。低碳经济不仅意味着制造业要加快淘汰高能耗、高污染的落后生产能力,推进节能减排的科技创新,而且意味着要引导公众反思那些习以为常的消费模式和生活方式,消除浪费能源、增排污染的不良嗜好,从而充分发挥服务业在消费生活领域节能减排的巨大潜力。在新农村建设中,实现向低碳经济、低碳生活方式的转变,首先要戒除以高耗能源为代价的"便利消费"嗜好;其次要戒除使用"一次性"用品的消费嗜好;再次要戒除以大量消耗能源、大量排放温室气体为代价的"面子消费"、"奢侈消费"的嗜好。此外,要全面加强以低碳饮食为主导的科学膳食平衡,做到天天低碳、人人低碳。

九、加强农村环保基础设施建设,提高环境保护水平

农村环保基础设施建设直接关系到农村环境保护的能力和水平。农村不同于城市,环境保护工作起步较晚,环境保护的基础设施建设十分薄弱,应着力加强农村环保基础设施建设,特别是农业基础建设和环卫设施建设,不断提高环境保护和治理水平。

(一)大力推进农村垃圾集中收集和无害化处理的基础设施建设

这是解决村庄环境脏、乱、差的治本之策。可以推行"村收集,镇(乡)中转县(市、区)以上集中处置"的运行机制,将垃圾分类,对部分垃圾回收再利用。厨用残余物可做猪和鸡鸭饲料,不能做饲料的生活物质可堆肥处理;能回收的废农膜、废塑料袋、废纸类、废玻璃、废金属、废家电可分类收集起来进行废物收购。鉴于在农村普遍修建垃圾堆放场或处理场的条件尚未成熟,不能回收的可燃性物质可选择合适地点进行焚烧处理。

（二）加强农村水利和农田肥力建设

围绕建设吨粮田和改造中低产田,继续加强农田水利建设,严格按照农田水利建设有关标准,实行洪、涝、旱、渍、碱、淤综合治理,进一步抓好江河疏浚工程,提高河道的引、排、灌能力,逐步建成高标准的具有挡潮、防洪、排涝、灌溉和降渍等功能的综合性水利工程体系。

坚持用地和养地相结合,大力推行秸秆还田,多积多用有机肥,实行平衡配套施肥,在提高化肥利用率的基础上,稳氮、增磷、补钾,推广应用硅、锌、硼等中微量元素肥料,不断培肥地力,保持地力经久不衰。建立耕地质量监测制度,定期定点进行耕地质量调查(黄胜海、夏圣益,1998)。

（三）积极开展环境治理试点和示范工程

要加快生态产业和环境治理试点示范工程建设,开展生态农业、有机农业、节水农业、生态工业、生态旅游业和生态运输业等生态产业示范,突出人本思想和绿色生态主题;创建一批生态文明地区、生态文明村,通过经济、社会和环境协调发展试点示范建设,切实提高农村生态建设和环境保护水平。

一是要加速经济生态示范区建设。经济生态示范区是发展质量效益生态农业的基本雏形。建设生态示范区要从区域环境的整体出发,按照生态学的原理,根据区域的自然条件和污染物的产生、变迁和归宿等各个环节,采用法律的、行政的、经济的和工程技术相结合的综合措施,运用现代科学技术手段,力求以最经济的方法获取最佳的生产效益,同时达到保护环境的目的。

二是要开展乡镇企业污染治理示范工程,建设环境保护示范村。先调动经济基础好的村和乡镇企业的积极性,积极探索环境保护的新路子,试点成功之后再大面积推广。

（四）充分尊重农民意愿

在当前政府财政投入环境基础设施建设的背景下,要从当地实际出发,充分考虑农民的经济承受能力。引导农民投工投劳,重点抓好饮水安全和道路硬化工作,解决水质差、出行难、污染重的问题,不断改善农民的生产生活条件。

　　加强农村环境基础设施建设,对策措施有千条万条,但根本的一条就是要切实尊重广大农民意愿,充分调动人人热心参与的积极性。只有这样,才能形成加快建设的强大合力,实现农村环境建设又好又快发展。

参考文献

第一章

[1] Barnett, H. J. and C. Morse. Scarcity and Growth: The Economics of Natural Resource Availability[M]. *John Hopkins Press*, 1963.

[2] Barret, S. and K. Graddy. Freedom, Growth, and the Environment [J]. *Environment and Development Economics*, 2000(5): 433 - 456.

[3] Barrett S. The Strategy of Trade Sanctions in International Environmental Agreements[J]. *Resources and Energy Economics*, 1997, 19: 345 - 361.

[4] Bovenberg, A. L., and S. Smulders. Environmental Quality and Pollution Augmenting Technological Change in a Two Sector Endogenous Growth Model [J]. *Journal of Public Economics*, 1995, 57: 369 - 391.

[5] Dasgupta, P. and K. Maler. The Economics of Non - convex Ecosystems: Introduction[J]. *Environmental and Resource Economics*, 2003, 26: 499 - 602.

[6] Dasgupta, P. S. and Heal, G.. The Optimal Depletion of Exhaustible Resources[M]. In: Rev. Econ. Stud. Symp. *Economics of Exhaustible Resources*, 1974: 3 - 28.

[7] Forster, B. A., Optimal Capital Accumulation in a Polluted Environment [J]. *Rev. Economic. Stud.* 1973, 39: 544 - 547.

[8] Forster, B. A.. Optimal Capital Accumulation in a Polluted Environment [J]. *Southern Economic Journal*, 1973, 39: 544 - 547.

[9] Grossman, G., and Kreuger, A.. Economic Growth and the Environment [J]. *Quarterly Journal of Economics*, 1995, 110(2): 353 - 377.

[10] Harold Hotelling. The Economics of Exhaustible Resources[J]. *The Journal of Political Economy*, 1931, 39: 137 – 175.

[11] Jones, L. E. and R. E. Manuelli. Endogenous Policy Choice: The Case of Pollution and Growth[J]. *Review of Economic Dynamics*, 2001, 4: 245 – 517.

[12] Koopmans, T. C.. On the Concept of Optimal Economic Growth [M]. *The Economic Approach to Development Planning*, 1965.

[13] Kuznets, S.. Economic Growth and Income Equality[J]. *American Economic Review*. 1955, 45 (1): 1 – 28.

[14] Lucas, R. E.. On the Mechanics of Economic Development[J]. Journal of Monetary Economics, 1988, 22: 3 – 42.

[15] Meadows, D. H., Meadows, D. L., Randers, J. and Behrens, W. W.. The Limits to Growth[M]. London: Earth Island Limited, 1972.

[16] Panayotou, T.. Emerging Asia: Environment and Natural Resources, in *Emerging Asia: Changes and Challenges Manila*[R]. *Asian Development Bank*, 1997, 2, Part 4.

[17] Selden, T. M., and Song, D.. Environmental Quality and Development: Is there a Kuznets Curve for Air Pollution Emissions? [J]. *Journal of Environmental Economics and Management*, 1994, 27: 147 – 162.

[18] Smulders, S. and R. Gradus.. Pollution Abatement and Long – term Growth[J]. *European Journal of Political Economy*, 1996, 12: 505 – 532.

[19] Smulders, S.. Endogenous Growth Theory and the Environment., in J. C. J. M. van den Berg(eds.) Handbook of Enviornmental and Resource Economics[R]. Cheltenham: Edward Elgar, 1999: 610 – 621.

[20] Solow, R.. Is the End of the World at Hand [R]. *Challenge*, 1973 March – April: 39 – 50.

[21] Stern, D. I.. Progress on the Environmental Kuznets Curve? [J]. *Environment and Development Economics*. 1998(3): 173 – 196.

[22] Stern. Stern Review on the Economics of Climate Change[EB/OL], http://www. hm – treasury. gov. uk/stern_review_report. htm.

[23]Stiglitz,J.. Growth with Exhaustible Natural Resources: Efficient and Optimal Growth Paths[J]. *The Review of Economic Stud*ies,1974,41:123 – 137.

[24]Stokey,N.. Are There Limits to Growth[J]. *International Economic Review*,1998,39:1 – 31.

[25]Vitousek P M.. Beyond Global Warming:Ecology and Global Change. *Ecology*,1994,75(7):1861 – 1876.

[26]Wackernagel M,Oisto L,Bello P . National Capital Accounting with the Ecological Footprint Concept[J]. *Ecological Econo*mics,1999,29:375 – 390.

[27]William A. Brock & M. Scott Taylor,Economic Growth and the Environment:A Review of Theory and Empirics [R]. *NBER Working Papers.* 2004,10854.

[28]Yohe,G. W. and R. S. J. Tol,Indicators for Social and Economic Coping Capacity Moving Towards a Working Definition of Adaptive Capacity [R]. *Global Environmental* Change,2002,12:25 – 40.

[29]钱雪亚,陆贻通.农村工业对农业发展的环境影响及对策探讨[J].上海环境科学,1998(17):11 – 13.

[30]罗必良,温思美.山地资源与环境保护的产权经济学分析[J].中国农村观察,1996(3):13 – 17.

[31]黎赔肆,周寅康.试论我国农村土地产权制度对农村生态环境的影响[J].农村生态环境,1999(4):59 – 62.

[32]沈满洪.环境经济手段研究 [M].北京:中国环境科学出版社,2001.

[33]赵海霞,朱德明,曲福田.我国环境管理的理论命题与机制转变[J].南京农业大学学报(社会科学版),2007(3):27 – 32.

[34]李建琴.农村环境治理中的体制创新——以浙江省长兴县为例明[J].中国农村经济,2006(9):63 – 71.

[35]李锦顺.城乡社会断裂和农村生态环境问题研究[J].生态经济,2005(2):28 – 35.

[36]吕苏杨,马宙宙.我国农村现代化进程中的环境污染问题及对策研

究[J].中国人口资源与环境,2006(2):12-18.

[37]华启和.高金龙试论农村生态环境的现状及其治理路径——以江西省抚州市为个案[J].学术交流,2007(6):100-103.

[38]温铁军.新农村建设中的生态农业与环保农村[J].环境保护,2007(1):25-27.

[39]马育军,黄贤金等.基于模型的区域生态环境建设绩效评价——以江苏省苏州市为例[J].长江流域资源与环境,2007(6):769-774.

[40]周曙东.农产品进口所带来的社会经济及环境影响——以江苏省为例[J].南京农业大学学报,2001(4):89-92.

[41]黄季馄,徐志刚.新一轮贸易自由化与中国农业、贫困和环境[J].中国科学基金,2005(3):142-146.

[42]何浩然,张林秀,李强.农民施肥行为及农业面源污染研究[J].农业技术经济,2006(6):2-10.

第二章

[1]中国经济网.2004年中央一号文件[EB/OL].http://www.ce.cn/xwzx/gnsz/szyw/201201/30/t20120130_23027787.shtml.

[2]中华人民共和国中央人民政府网.2005年中央一号文件[EB/OL].http://www.gov.cn/test/2006-02/22/content_207406.htm.

[3]义乌农业信息网.2006年中央一号文件[EB/OL].http://www.yw.gov.cn/nyj/rdzt/yhwjzt/201202/t20120206_394804.html.

[4]新华网.2007年中央一号文件[EB/OL].http://news.xinhuanet.com/politics/2007-01/29/content_5670478.htm.

[5]网易财经网.2008年中央一号文件[EB/OL].http://money.163.com/10/0126/18/5TVMV IEN002544P9.html.

[6]义乌农业信息网.2009年中央一号文件[EB/OL].http://www.yw.gov.cn/nyj/rdzt/yhwjzt/201202/t 201 20206_394809.html.

[7]腾讯新闻网.2010年中央一号文件[EB/OL].http://news.qq.com/a/20100131/001379.htm.

[8]中华人民共和国中央人民政府网.解读《关于2009年中央和地方预算执行情况与2010年中央和地方预算草案的报告》[EB/OL]. http://www. gov. cn/zxft/ft195/content_1549628. htm.

[9]中华人民共和国农业部网.沼气"点亮"新农村——"十一五"我国农村沼气建设成就显著[EB/OL]. http://www. moa. gov. cn/zwllm/zwdt/201101/t20110118_1808929. htm.

[10]大洋网."十一五"前3年全国共新改建农村公路118万公里[EB/OL]. http://news. dayoo. com/society/57401/200904/20/57401_5755008. htm.

[11]中华人民共和国发展和改革委员会网.支农惠农政策合力促进农民增收[EB/OL]. http://www. sdpc. gov. cn/ncjj/zhdt/t20071220_179946. htm.

[12]王海瑛.农业政策与农村经济发展—以农安县农村为例[D].吉林大学,2011.5.

[13]国际财经时报网.农业部:确保2010粮食播种面积在16亿亩以上[EB/OL]. http://www. ibtimes. com. cn/articles/20091231/ -3111190602. htm.

[14]中华人民共和国中央人民政府网.五年来采取了哪些措施实现了粮食增产和农民增收[EB/OL]. http://www. gov. cn/2008gzbg/content_924061. htm.

[15]国家环境保护总局.中共中央文献研究室新时期环境保护重要文献选编网[M].北京:中央文献出版社,2001:390.

[16]中华人民共和国中央人民政府网.关于加强农村环境保护工作的意见[EB/OL]. http://www. gov. cn/zwg 20/content - sl0780. htm.

[17]肖爱萍.新中国成立以来中央农村环境保护政策的演进与思考[D].湖南师范大学,2010.5.

[18]徐晓云.我国农村生态环境保护存在的问题及对策研究[D].东北师范大学,2004.

[19]杨帆.我国农村经济发展代价的多维分析[D].广东商学院,2011,5:12.

[20]半岛新闻网.可开垦耕地不足7000万亩 仅为世界平均的40%[EB/OL]. http://news. bandao. cn/news _ html/201008/20100827/news _

20100827_975254. shtml.

[21]曹春苗,李云燕. 从我国旱情蔓延拷问农业灌溉用水机制[J]. 中国市场,2010(22):115 – 117.

[22]孙加秀. 农村环境污染的微观经济分析[J]. 现代农业科技,2008(10):185 – 186.

[23]刘荣. 农村环境保护的重点与保护措施研究[D]. 重庆大学,2005,10.

[24]程炳友. 我国农村金融市场效率机制研究[J]. 农村经济,2009(8):65 – 67.

[25]康耀辉. 论农村循环经济的发展[J]. 通化师范学院学报,2010(1):44 – 47.

[26]蔡玉珍. 当代农村循环经济价值观的构建[J]. 湖南社会科学,2009(1):112 – 115.

[27]王海瑛. 农业政策与农村经济发展——以农安县农村为例[D]. 吉林大学,2011,5.

[28]周学志,汤文奎. 中国农村环境保护[M]. 北京:中国环境科学出版社,1996.

[29]王文举,王莹. 韩国新村运动与中国新农村建设研究[J]. 农村经济与科技,2006(10):77 – 78.

[30]俞云根. 韩国新村运动对绍兴社会主义新农村建设的启示[J]. 绍兴文理学院学报,2006(10):38 – 42.

[31]邓蓉敬. 关于建设社会主义新农村的观点综述[J]. 资料通讯,2006(3):21 – 25.

[32]周荫祖. "三农"问题是构建和谐社会的重点、难点和焦点——兼论"建设社会主义新农村"[J]. 求实,2006(11):74 – 77.

[33]陈远辉. 坚持以科学发展观指导新农村建设[J]. 新重庆,2006(10):18 – 20.

[34]刘晓燕. 新农村科技、经济、社会、环境耦合仿生及协同管理研究[D]. 吉林大学,2010.

[35]涂正革. 环境、资源与工业增长的协调性[J]. 经济研究,2008(2):93-105.

[36]黄菁. 环境污染与经济可持续发展的关系及影响机制研究[D]. 湖南大学,2010.

[37]刘艳红. 新农村科技、经济、社会、环境耦合仿生及协同管理研究[D]. 新疆大学,2010.

[38]雷霆. 基于可持续发展的经济与环境资源协调发展机理研究[D]. 新疆大学,2005.

[39]蔡平. 经济发展与生态环境的协调发展研究[D]. 新疆大学,2004.

[40]李达. 经济增长与环境与环境质量——基于长三角的实证研究[D]. 复旦大学,2007.

[41]王江炜. 山东半岛中小城市生态环境与经济社会协调发展的研究——以文登市为例[D]. 中国海洋大学,2008.

[42]李昍煜. 我国能源、经济、环境(3E)系统发展相关分析与研究[D]. 天津大学,2008.

[43]王彦彭. 我国能源环境与经济可持续发展—理论模型与实证分析[D]. 首都经济贸易大学,2010.

[44]洪筠,钱志辉,任露泉. 多元耦合仿生可拓模型及其耦元分析[J]. 吉林大学学报(工学版),2009(5):726-731.

[45]邵权熙. 当代中国林业生态经济社会耦合系统及耦合模式研究[D]. 北京林业大学,2008.

[46]朱鹤健,何绍福,姚成胜. 农业资源系统耦合模拟与应用[M]. 北京:科学出版社,2009.

[47]D' ArgeRalPhC. Essay on Economics Growth and Environmental Quality. The Swedish Journal of Economics,1971,73(1):25-41.

[48]Todaro,M. P. A model of labor migration and urban unemployment in less developed countries[J]. American Economic Review,1997(59):105-133.

第三章

[1]周宇.中国生态农业的崛起与挑战——访著名生态农业学家,中国农业大学校务处处长吴文良[J].绿色中国,2007(9).

[2]蔡平.经济与生态环境协调发展的模式选择[J].齐鲁学刊,2005(4).

[3]冯刚.新农村建设中经济与生态保护协调发展模式研究[D].北京林业大学,2008.

[4]周荣荣.农业可持续发展战略取向与生态建设的跃迁[D].南京农业大学,2002.

[5]于光君.农村城镇化与环境问题[D].中央民族大学,2007.

[6]严奉宪.中西部地区农业可持续发展的经济学分析[D].华中农业大学,2001.

[7]崔连香.我国农村生态环境问题的成因及其对策研究[D].福建师范大学,2007.

[8]田亚平,李虹,李超文.新农村建设的村级评价指标体系——以湖南省衡南县工联村为例[J].经济地理,2007,27(3).

[9]曲福田,何军,吴豪杰.江苏省新农村建设指标体系、实现程度与区域比较研究[J].农业经济问题,2007(2).

[10]郭翔宇,余志刚,李丹.社会主义新农村的评价标准、指标体系与方法[J].农业经济问题,2008(3).

[11]王富喜.山东省新农村建设与农村发展水平评价[J].经济地理,2009(10).

[12]刘婧,傅金鹏.新农村建设绩效评估指标体系的构建[J].中南财经政法大学学报,2008(2).

[13]廖进中,韩峰,张文静,徐获迪.长株潭地区城镇化对土地利用效率的影响[J].中国人口,2010(2).

[14]刘丽云,韩美,张晓慧.城镇化进程中经济、社会和环境效益相关性探析——以山东省昌乐县为例[J].资源开发与市场,2006(22).

[15]姚奕,郭军华.倪勤中国经济与环境系统协调发展的实证分析[J].

统计与决策,2010(1).

[16]邓玲,王彬彬.统筹城乡发展评价指标体系研究——基于成都市温江区的实证应用[J].西南民族大学学报(人文社科版),2008(4).

[17]Alan Agresti 著,张淑梅,王睿,曾莉译.属性数据分析引论(第二版)[M].北京:高等教育出版社,2008.

[18]王静龙,梁小筠编著.定性数据分析[M].上海:华东师范大学出版社,2004.

[19]候杰泰,温忠麟,成子娟.结构方程模型及应用[M].北京:教育学出版社,2005.

[20]黄芳铭.结构方程模式:理论与应用[M].北京:中国税务出版社,2005.

第四章

[1]Maler K G. Environmental Economics:a Theoretical Inquiry[R]. Jones Hopking University Press for Re – source for the Future,1974.

[2]Barrett S. Economics Growth and Environment Preservation[J]. Journal of Environmental Economics andManagement,1992(23):289 – 300.

[3]Bovenberg A L,Smulders S. Environmental Quality and Pollution Saving Technological Change in a Two – sector Endogenous Growth Model[J]. Journal of PublicEconomics,1995(57):369 – 391.

[4]Dinda S. Environmental Kuznets Curve Hypothesis:A Survey [J]. Ecological Economics,2004,49(4):431 – 455.

[5]Gupta S,Goldar B. Do Stock Markets Penalize Environment – friendly Behavior? Evidence fromindia[R]. Institute of Economic Growth,Mimeo,2003.

[6]Romer P M. Increasing Returns and Long – run Growth[J]. Journal of Political Economy,1986(94):1002 – 1037.

[7]Romer P M. Endogenous Technological Change[J]. Journal of Political Economy,1990,98,(5):71 – 102.

[8]Lucas R E. On the Mechanics of Economic Development[J]. Journal of

Monetary Economics,1988(22):3 - 42.

[9]王海建. 资源环境约束之下的一类内生经济增长模型[J]. 预测,1999(4):36 - 38.

[10]张敬一,李寿德,王道臻. 基于环境质量的动态经济最优增长路径[J]. 系统管理学报,2009(5):552 - 554.

[11]彭水军,包群. 环境污染、内生增长与经济可持续发展[J]. 数量经济技术经济研究,2006(9):118 - 121.

[12]马利民,王海建. 耗竭性资源约束之下的 R 和 D 内生经济增长模型[J]. 预测,2001(4):62 - 64.

[13]范金,陈锡康. 环保意识、技术进步、税收和最优经济增长[J]. 数量经济技术经济研究,2000(11):26 - 28.

[14]王海建. 资源约束、环境污染与内生经济增长[J]. 复旦学报(社会科学版),2000(1):76 - 80.

[15]于勃,黎永亮,迟春浩. 考虑能源耗竭、污染治理的经济持续增长内生模型[J]. 管理科学学报,2006(9):12 - 16.

第五章

[1]P. Dasgupta & G. Heal. The Optimal Depletion of Exhaustible Resources[J]. Review of Economic Studies(Symposium on the Economics of Exhaustible Resources),1974,41:3 - 28.

[2]J. C. Pezzey & C. A. Withagen,The Rise,Fall and Sustainability of Capital - Resource Economies,Scandinavian Journal of Economics,1998,100(2):513 - 527.

[3]N. L. Stokey. Are There Limits to Growth? [J]. International Economic Review,1998,39(1):1 - 31.

[4]J. D. Sachs & A. M. Warner. Fundamental Sources of Long - run Growth[J]. American Economic Review,1997,187(2):184 - 198.

[5]T. Glyfason,"Natural Resources, Education, and Economic Development,"European Economic Review,2001,45(4):847 - 859.

[6]S. Smulders & R. Gradus. Pollution Abatement and Long – Term Growth[J]. European Journal of Political Economy,1996,12(3):505 – 532.

[7]A. L. Bovenberg & S. Smulders. Transitional Impacts of Environmental Policy in an Endogenous Growth Model[J]. International Economic Review,1996,37(5):861 – 893.

[8]国忠金,马晓燕,张卫.资源、环境约束下内生创新性经济增长模型[J].山东大学学报(理学版),2010(12).

[9]黄菁.环境污染与内生经济增长——模型与中国的实证检验[J].山西财经大学学报,2010(6).

[10]彭水军,包群.资源约束条件下长期经济增长的动力机制——基于内生增长理论模型的研究[J].财政研究,2006(6).

第六章

[1][美]威廉·J.鲍莫尔,华莱士·E.奥茨著,严旭阳译.环境经济理论与政策设计[M].北京:经济科学出版社,2003.

[2]曹东,焚方等.经济与环境中国 2020[M].北京:中国环境科学出版社,2005.

[3]曹东,王金南.中国工业污染控制经济学研究[M].北京:环境科学出版社,1999.

[4]陈波.中国粮食安全成本及其结构优化研究[D].华中农业大学,2007.

[5]陈华文,刘康兵.经济增长与环境质量:关于环境库兹涅茨曲线的经验分析[J],复旦大学学报(社会科学版),2004(2):87 – 94.

[6]陈柳钦,卢卉.农村城镇化进程中的环境保护问题探讨[J].当代经济管理,2005,27(3):81 – 85.

[7]陈敏鹏,陈吉宁,赖斯芸.中国农业和农村污染的清单分析与空间特征识别[J].中国环境科学,2006,26(6):751 – 755.

[8]杜江.转型期中国农业增长与环境污染问题研究[D].华中农业大学,2009.

[9]范金.可持续发展下的最优经济增长[M].北京:经济管理出版社,2002.

[10]国家环保总局环境规划院.国家信息中心 2008—2020 年中国环境经济形势分析与预测[M].北京:中国环境科学出版社,2008.

[11]姜立强,姜立娟.农民生产实践与农村环境质量的再生产[J].中国农村观,2007(5):65 - 72.

[12]赖斯芸,杜鹏飞,陈吉宁.基于单元分析的非点源污染调查评估方法[J].清华大学学报(自然科学版),2004,44(9):1184 - 1187.

[13]梁流涛.农村生态环境时空特征及其演变规律研究[D].南京农业大学,2009.

[14]陆虹.中国环境问题与经济发展的关系分析——以大气污染为例[J].财经研究,2000(10):53 - 59.

[15]温铁军.新农村建设中的生态农业与环保农村[J].环境保护,2007(1):25 - 27.

[16]肖莎.新中国农村工业变迁实践与理论[D].复旦大学,2003.

[17]熊文,吴玉鸣.中国经济增长与环境脆弱性的因果及冲击响应分析[J].资源科学,2006,28(5):17 - 23.

[18]于峰.环境库兹涅茨曲线研究回顾与评析[J].经济问题探索,2006(8):4 - 12.

[19]于文金,邹欣庆.江苏沿海滩涂地区农户经济行为研究[J].中国人口·资源与环境,2006(3):124 - 129.

[20]张海鹏,宁泽.农村工业污染的区域因素分析[J].华中农业大学学报(社会科学版),2007(5):103 - 108.

[21]张维理,武淑霞,冀宏杰.中国农业面源污染形势估计及控制对策 I——21 世纪初期中国农业面源污染的形势估计[J].中国农业科学,2004,37(7):1008 - 1017.

[22]张卫峰,季明秀,马骥等.中国化肥消费需求影响因素及走势分析种植结构[J].资源科学,2008(1):31 - 36.

[23]赵学谦.农村生态建设与环境保护[M].成都:西南交通大学出版

社,2005.

[24]赵由才,龙燕等.生活垃圾卫生填埋技术[M].北京:化学工业出版社,2004.

[25]赵玉焕.贸易、经济增长与环境保护的关系研究[J].中国软科学,2003(6):61 - 66.

[26] Grossman, G. , and Kreuger, A. . Economic Growth and the Environment[J]. Quarterly Journal of Economics. 1995,110(2):353 - 377.

[27] Grossman, G. M. , Krueger A. B. . Environmental Impacts of the North American Free Trade Agreement. NBER, Working paper3914,1991.

[28] Jordi Roca, Emilio Padilla, Mariona Farre, Vittorio Galletto,2001, Economics Growth and Atmospheric pollution in Spain: Discussing the Environmental Kuznets Curve hypothesis[J]. Ecological Economics,2001,39:85 - 99.

[29] Kuznets, S. . Economic Growth and Income Equality[J]. American Economic Review. 1955,45(1):1 - 28.

[30] Panayotou, T. ,1993,. Emprical Tests and Policy Analysis of Environmental Degradation at Different Stages of Economic Development, ILO, Technology and Employment Programme, Geneva. .

[31] Selden, T. , Song, D. Environmental Quality and Development: Is There a Kuznets Curve for Air Pollution Emissions? [J]. Journal of Environmental Economics and management,1994,27:147 - 162.

[32] Selden, T. M. , Song, D. . Neoclassical Growth, the J Curve for Abatement and the Inverted U Curve for Pollution[J]. Journal of Environmental Economics and Management,1995,29(2):161 - 168.

[33] Soumyananda Dinda. Environmental Kuznets Curve Hypothesis: A Survey[J]. Ecological Economics,2004,49:431 - 455.

[34] William A. Brock & M. Scott Taylor, Economic Growth and the Environment: A Review of Theory and Empirics, NBER Working Papers. 2004,10854.

第七章

[1]石贤光.基于柯布—道格拉斯生产函数的河南省经济增长影响要素分析[J].科技与产业,2011(4).

[2]罗卫平,罗广宁,吴晓青.基于柯布—道格拉斯生产函数的广东农业与农村技术进步贡献率测算[J].科技管理研究,2010(24).

[3]刘小军,刘澄,鲍新中.基于生产函数的行业规模效益实证分析[J].统计与决策,2011(5).

[4]中国人民银行营业管理部课题组.基于生产函数法的潜在产出估计、产出缺口及与通货膨胀的关系[J].金融研究,2011(3).

[5]董彦龙.柯布—道格拉斯生产函数于河南省粮食种植产业的实证研究[J].中国农学通报,2011(27).

[6]吕振东,郭菊娥,席酉民.中国能源 CES 生产函数的计量估算及选择[J].中国人口、资源与环境,2009(4).

[7]章上峰,许冰,顾文涛.时变弹性生产函数模型统计学与经济学检验[J].统计研究,2011(6).

[8]冯晓,朱彦元,杨茜.基于人力资本分布方差的中国国民经济生产函数研究[J].经济学季刊,2012(2).

[9]范丽霞,蔡根女.中国乡镇企业增长的随机前沿生产函数分析[J].数理统计与管理,2009(4).

[10]杨青青,苏秦,尹琳琳.我国服务业生产率及其影响因素分析[J].数量经济技术经济研究,2009(12).

[11]许志伟,林仁文.我国总量生产函数的贝叶斯估计——基于动态随机一般均衡的视角[J].世界经济文汇,2011(2).

[12]章上峰,顾文涛.超越对数生产函数的半参数变系数估计模型[J].统计与信息论坛,2011(8).

[13]叶宗裕.非线性回归模型参数估计方法研究[J].统计与信息论坛,2010(1).

[14]程海森,石磊.多水平 C——D 生产函数模型及其参数异质性研究

[J].统计与决策,2010(9).

第八章

[1]陈秋红,蔡玉秋.美国农业生态环境保护的经验及启示[J].农业经济,2010(1):12-14.

[2]张玉环.美国农业资源和环境保护项目分析及其启示[J].中国农村经济,2010(1):83-91.

[3]王世群,何秀荣,王成军.农业环境保护:美国的经验与启示[J].农村经济,2011(11):126-129.

[4]彭亮太.浅谈国外农业环境保护的特点——以美国、日本和德国为例[J].社会,2011,(3):140-141.

[5]张术环.日本实施环保型农业政策的绿色营销背景及启示[J].前沿,2010(9):81-83.

[6]袁晓.日本环保措施对我国农业环境保护的几点启示[J].环保论坛,2010(7):350,358.

[7]杜玉杰.19世纪中后期美国环境保护意识的产生[J].首都师范大学学报(社会科学版),2009(增刊):179-184.

[8]盛占慧,王彩秀.韩国农业的发展与环境保护[J].内蒙古农业科技,2008(7):61.

[9]徐永祥.基于保护环境视域下的生态农业可持续发展探析——以德国为例[J].老区建设,2010(4):32-36.

[10]徐世刚,邹辉晕、李小亭.论日本政府在环境保护中的作用及其对我国的启示[J].温州师范学院学报,2006(6):41-45.

[11]葛敬豪,王顺吉,张晓霞.论德国、日本、澳大利亚和美国生态环境保护的特点[J].长春理工大学学报,2010(11):42-53.

[12]王庆安.从保护主义到环境主义——20世纪60年代美国环境保护运动及其影响[J].淮阴师范学院学报,2008(5):633-677.

[13]高正文.德国的环境保护及其对我国的启示[J].国际瞭望,2002(7):46-47.

[14]戴从法.德国的农业资源管理和农业环境保护[J].中国农业资源与区划,2001(12):39-41.

[15]赵立祥.日本的循环经济与社会[M].北京:科学出版社,2007.

[16]林健,赖丽梅.试析日本发展循环经济的实践与经验[J].江西社会科学,2008(1):245-248.

[17]陈大夫、孙宗耀.美国的农业生产与资源、生态环境保护[J].生态经济,2001(9):60-63.

[18]Craig Cox. U. S. Agriculture Conservation Policy & Programs: History, Trends, and Implications. U. S. Agricultural Policy and the 2007 Farm Bill [C]. Woods Institute For The Environment, Stanford University. 2007.

[19]Edwin Young, Victor Oliveira, Roger Claassen. 2008 Farm Act: Where Will the Money Go[R]. USDA, ERS. 2008.

[20]Roger Claassen. Emphasis Shifts in U. S. Conservation Policy [R]. USDA, ERS. 2006.

[21] Roger Claassen, Vince Breneman, Shawn Bucholtz, Andrea Cattaneo, Robert Johansson, and Mitch Morehart. Environmental Compliancein U. S. Agricultural Policy: Past Performance and Future Potential [R]. USDA, ERS. 2004.

第十章

[1]欧阳峣等.两型社会试验区体制机制创新研究[M].长沙:湖南大学出版社,2011,11.

[2]薛进军,赵忠秀等.中国低碳经济发展报告(2012)[M].北京:社会科学文献出版社,2011,12.

[3]梁志峰,唐宇文等.湖南"两型社会"发展报告(2011)[M].北京:社会科学文献出版社,2011,6.

[4]冯刚.新农村建设中经济与生态保护协调发展横式研究[D].北京林业大学,2009-6-17.

[5]宋国彬.新农村建设进程中的农民环境意识问题探讨[J].安徽农业科学,2007,35(10).

[6]乔丽娟,杨静,刘艳艳等.环境信息公开在新农村建设中的作用和意义[J].安徽农业科学,2007,35(22).

[7]李风平,宋常.社会主义新农村建设的环境审计思考[J].审计月刊,2007(8).

[8]吴献萍,胡美灵.新农村建设与农民环境权法律保护[J].昆明理工大学学报(社会科学版),2007(2).

[9]徐济勤.探讨社会主义新农村环境建设[J].现代农业科技,2007(3).

[10]陆远如.以两型社会建设促进生态文明建设[N].人民日报,2010-11-5.

[11]王国君.浅析我国农村环境保护法制建设[J].科技信息,2008(22).

[12]于杰.新农村建设中环境保护问题的思考与对策[J].科技创新导报,2007(33).

[13]马伦姣.新农村建设应重视生态环境保护问题[J].产业与科技论坛,2006(8).

[14]刘荣志,孙好勤,邢可霞.实施乡村清洁工程,建设资源节约与环境友好型新农村[J].农业经济问题,2007(12).

[15]叶安珊.论中国新农村战略规划与生态环境保护的选择[J].桂海论丛(江西新余),2006(6).

[16]杨涛,罗必良.资源节约型、环境友好型新农村建设的必要性及长效机制探讨[J].生态经济,2006(12).

[17]徐松.着力推进环境友好型新农村建设[J].党政干部论坛,2007(8).

[18]苏杨,魏际刚.新农村建设中解决农村污染问题的对策[J].经济研究参考,2007(4).

后 记

本书是国家社会科学基金一般项目《新农村建设中的经济发展与环境保护和谐演进研究》(批准号08BJY106)的最终成果。该成果致力于分析研究新农村建设中资源环境与经济发展的矛盾运动和农村经济发展中环境质量演化的客观规律,系统揭示农村经济发展与环境保护之间的辩证关系,深入探讨实现经济效益和环境效益双赢的有效途径,提出切实可行的促进农村经济发展与环境保护和谐演进的对策措施。该项目于2013年1月通过由全国哲学社会科学规划办公室组织的结项,鉴定等级为良好。该书的研究和撰写由项目负责人湖南商学院陆远如教授主持,并负责全书的主审和最后定稿。该书是一项集体研究成果。参与项目调研的各位同人为成果的保质保量完成付出了艰辛的劳动。具体分工如下:

引言:陆远如教授;

第一章:邓柏盛博士;

第二章:胡有林博士、刘战平博士;

第三章:何文举副教授;

第四章:刘志杰博士、周晚香副教授;

第五章:刘志杰博士;

第六章:邓柏盛博士;

第七章:尹向飞副教授;

第八章:金赛美教授;

第九章:陈飞虎副教授、彭昊副教授、陆远如教授;

第十章:陆远如教授、周晚香副教授。

靳环宇副教授参加了前期部分调研工作。

在本项目的调研过程中,得到了攸县县委、县政府,冷水江市市委、市政府的大力支持与帮助,在此深表谢意!本书撰写过程中,我们参阅了学术界各位专家学者的大量研究成果,值此谨对他们致以深深感谢!中国经济出版社的领导和编辑部主任彭彩霞为本书的出版付出了大量心血,特致诚挚谢意!受学识水平的限制,本书的不足甚至错误之处在所难免,敬请广大读者批评指正。

陆远如

2014 年 3 月 23 日